Gerhard Dollinger
Für drei Pfennig allerhand

W0039731

Gerhard Dollinger

Für drei Pfennig allerhand

Erinnerungen eines
Landarztes

Fast lauter heitere
Geschichten

R. Brockhaus Verlag Wuppertal

Die hier erzählten Geschichten sind selbst erlebt;
Namen sind teilweise verändert.

1. Taschenbuchauflage 2001

R. Brockhaus Verlag Wuppertal
Lizenzausgabe mit freundlicher Genehmigung
© Betulius Verlag GmbH, Stuttgart 1995
Umschlag: Ursula Stephan, Wetzlar
Umschlagfoto: Meier-ZEFA, Düsseldorf
Druck und Bindung: AIT Trondheim, Norwegen
ISBN 3-417-21930-2
Bestell-Nr. 221 930

Inhalt

Für drei Pfennig allerhand   7

Aus alter Zeit   7

Die Warneckles   15

Der Bienenbatterich   19

Gatzn (Katzen)   22

Tante Berta und die Weißwursthochzeit   27

Wiek   38

Pfeffernüsse   47

In Ostpreußen »bei de Preißn«   51

Comment   57

Minge Theo   61

Komische Käuze   65

Schwartenmagen   70

Meine kleine Ikone   72

Die Polstermöbelgarnitur   75

Ach Hedwig, süße Hedwig   76

Unsern Babba   78

Das Spanferkel   80

Tante Wiens'sche   83

Das tapfere Schneiderlein   85

Kazike Schwiensjehaon sine Jonges   87

Pemphigus   90

Priscilla oder »The Lord is humorous«   93

Der Mello   96

Russisches Schlagwasser   97

Briefe an den Doktor   100

Der Bottlboom   102

Das Araberblut   108

Das Wasserclo 111

Vom Zehntengeben 113

Das Brotbrettchen 114

Das Wunschkonzert 116

Die Gabe Gottes 118

Die Reichsnervensäge 120

In Eis und Schnee 122

Das Doktorsvesper 124

Etwas zur Stärkung 125

Eine Blutung 126

Fensterln 128

Schlaf und Gedächtnis 130

Erika 134

Positiv – negativ 138

Ein Rätsel 141

Für drei Pfenning allerhand

»Vater, warum schreibst du nicht einmal alle die lustigen Geschichten auf, die du uns so oft erzählt hast?« fragten mich meine Kinder einmal.

»Wenn ihr mir die Stichworte liefert, will ich's versuchen«, sagte ich. So haben wir ein kleines Heft angelegt, und jedesmal, wenn einem wieder eine Geschichte einfiel, trugen wir sie ins Heftchen ein.

Wenn ich dann Zeit und Laune hatte, schrieb ich wieder. So ist dieses kleine Buch entstanden, und weil es so ein kunterbuntes Durcheinander ist, gab ich ihm den Titel »Für drei Pfenning allerhand«, was bei uns in Süddeutschland der gebräuchliche Ausdruck für ein solches Sammelsurium ist. Nur zeitlich habe ich ein wenig Schema hineingebracht, denn irgendwo muß man ja anfangen, und so macht denn mein Großvater den Anfang. Viel Spaß!

Aus alter Zeit

Mein Großvater Carl Philipp Dollinger, in unserer Stadt kurz der Cepeha oder auch Herr Seltenfröhlich genannt, hat uns ein paar Geschichten erzählt, die mir bis heute in Erinnerung geblieben sind:

Der Spazierstock

So um 1870 herum, er war ein junger Bursch von etwa 20 Jahren, wollte er sich ein Spazierstöckchen kaufen, denn das war damals der letzte Schrei, mit so einem Stöckchen, mehr zum Schwenken als zum Stockeln, durch die Stadt zu laufen.

Wie es damals üblich war, kaufte man nicht gleich im erstbesten Geschäft, sondern klapperte mehrere ab, um das, was einem gefiel, möglichst preiswert zu kaufen.

Beim Dreher Öchsle fand er einen nach Wunsch, er sollte vier Mark kosten. Obwohl der Preis nicht zu hoch war, ging er doch noch zum Dreher Ott, wo er genau den gleichen fand, nur sollte der acht Mark kosten, das Doppelte. »Jetzt sagen Sie mal«, fragte er den Dreher Ott, »grad eben hab' ich beim Dreher Öchsle genau den gleichen Stock gesehen, und dort soll er nur vier Mark kosten! Wie erklären Sie sich denn das?«

Mit seiner näselnden Stimme, den Zeigefinger senkrecht in die Höhe, meinte er pfiffig: »Ha, des kann i Ihne ganz genau sage, woher des kommt. Seller (jener) verdient net so viel dra wie i.«

Beim alten Osterfeld

In unserer Stadt gibt es eine Apothekerdynastie namens Osterfeld. Schon mein Großvater erzählte die Späße, die der »alte Osterfeld«, ein stadtbekanntes Original, gemacht hat. Es müssen also mindestens fünf Generationen Osterfelds bis auf den heutigen Tag in dieser Erbapotheke sitzen.

Beim alten Osterfeld schellte eines Nachts die Glocke.

»Ja, was gibt's?« ruft er vom Schlafzimmerfenster herunter.

Drei junge Burschen, leicht angesäuselt, stehen drunten und sagen: »Mir möchte für zehn Pfennig Bäredreck« (so heißen in Süddeutschland Lakritzstangen).

»Tut mir leid, meine Herre«, ruft der alte Osterfeld, »da müsse Se morge früh komme, der Bär hat noch net g'schisse.«

Ein kleiner Bub kommt mit einem Rezept in die Marktapotheke. Der Provisor – so hießen früher die angestellten Apotheker – mixt ihm die Arznei, klebt ein Etikett auf das Fläschchen und sagt: »Das kostet eine Mark.«

Der Bub nimmt das Fläschchen, legt zehn Pfennig auf die Theke und rennt hinaus, quer über den Marktplatz.

»Halt mal, du Saububle, halt! Das kostet doch eine Mark, hab' ich gesagt, gehst nicht gleich her? Wart' wenn ich dich erwisch'!«

Bei dem Geschrei kommt der alte Osterfeld aus seiner Offizin – das ist der Raum hinter der Apotheke, in dem die Arzneien zubereitet werden – und will wissen, was denn los sei.

»Ha, da hab' ich dem Kerle da eine Medizin gemixt und gesagt, es kostet eine Mark. Da legt der Lausbub doch zehn Pfennig hin, nimmt seine Arznei und rennt davon! So eine Frechheit!«

»O, laß ihn laufe«, meint der alte Osterfeld, »mir hawwe ja immer noch zehn Pfennig dran verdient.«

Ein altes Weible kommt in die Apotheke.
»Was soll's denn sein, Fraule?« fragt der alte Osterfeld.
»I hätt' gern e Mittele für mei Katz.«
»Da gucke Se mal rum, seh'n Se die viele Krügle auf dene Regäl? Die Mittele sin' alle für d' Katz!«

Drei Buben kommen in die Apotheke.
»Was wollet ihr?«
»Für zehn Pfennig Bäredreck«, sagt der erste. Der Bärendreck steht im obersten Regalfach. Herr Osterfeld nimmt die Leiter und steigt hinauf, nimmt aus der Kruke für zehn Pfennig Bärendreck und klettert wieder herunter. »Sodele, da hast dein Bärendreck!«
»Und du?« fragt er den zweiten Bub.
»Au für zehn Pfennig Bäredreck!«
»Saububle, warum hast denn das net gleich g'sagt! Jetzt muß ich wegen dir noch einmal die Leiter naufkrebsle!« Und er krebselt hinauf. Wie er oben ist, fragt er den dritten Bub:
»Und du? Kriegst du au für zehn Pfennig Bäredreck?«

»Noi.«

Er klettert herunter, gibt dem Zweiten seinen Bärendreck und fragt den Dritten: »So, und was kriegst du?«

»Für fünf Pfennig Bäredreck.«

Meine Tante Helen, die mit 90 Jahren noch einen Haufen Gedichte auswendig konnte, wußte auch eines über den alten Osterfeld:

> »Beim Apotheker tut's nachts schelle,
> 's isch spät, schon glei'voll halber zwei.
> Un gleich druff ruft er obe runner:
> »Ja, ja, 's isch recht, i komm ja glei!«
> »Was hawwe Se so eilig's, Fraule?«
> »E Zah'weh hab i, 's isch en Graus!
> Schnell ebbes her für fünfzig Pfennig,
> i halt's vor Schmerze nimmer aus!«
> »Ja«, sagt darauf der Apotheker
> »bei Nacht, da kost's zwei Märkle mehr.
> Mir müsse uns an d' Vorschrift halte,
> des 'sch der Tarif, da gucket her!«
> Da sagt das schlaue Altstadtweible:
> »I dank recht schö' für Euer Müh';
> Gut Nacht, Herr Osterfeld, nix für ungut,
> i hol's bei Tag dann, morge früh!«

Noch ein paar Gedichte von Tante Helen, die mir bis heute in Erinnerung geblieben sind:

> Die Alpen
> »Was will ich in den Alpen?
> Warum so hoch hinaus?
> Was mir die Alpen bieten,
> hab' ich bei mir zu Haus:
> Das Wetterhorn beständig
> hab' ich in meiner Frau,

und meine kleine Tochter,
das ist die Blümlis-Au.
Das Schreckhorn in den Alpen,
wo die Lawine kracht,
das ist die Schwiegermutter,
die sie ins Haus gebracht.
Das Faulhorn bin ich selber,
ich weiß es nur zu gut,
seitdem das Alpenglühen
auf meiner Nase ruht.
Was will ich in den Alpen?
Warum so hoch hinaus?
Was mir die Alpen bieten,
das hab' ich auch zu Haus!«

Der kleine Gratulant
»Guten Morgen! sollt' ich sagen,
und ein schönes Kompliment,
und die Mutter läßt auch fragen,
wie die Tante sich befänd'.
Und der Strauß wär' aus dem Garten,
wenn Ihr etwa danach fragt,
an der Türe sollt' ich warten,
ob man mir noch etwas sagt.
Und schön grüßen sollt' ich jeden,
und fein still sein, wenn man spricht,
und schön deutlich sollt' ich reden,
aber schreien sollt' ich nicht.
Wenn man mir was geben wollte,
sollt' ich sagen: Dankeschön!
Nach der Torte aber sollte
ich nicht unaufhörlich seh'n.
Schmatzen sollt' ich nicht beim Essen,
denn das wär' bei uns nicht Brauch,
und – bald hätt' ich's ganz vergessen:
gratulieren sollt' ich auch!«

Mein Vater, sonst nicht gerade ein Witzbold, hatte auch ein paar lustige Geschichten auf Lager, an die ich mich erinnere.

Die Antrittspredigt

Ein junger Pfarrer hält in einer Dorfkirche seine Antrittspredigt. Mit Bedauern muß er sehen, daß so nach und nach die ganze Gemeinde einschläft. Nur ein Weiblein bemerkt er, das bitterlich in sein Taschentuch schluchzt. »Wenigstens eine Seele habe ich gerührt«, denkt er bei sich. »Aber ich muß doch nachher mit ihr sprechen, daß sie 's sich nicht so sehr zu Herzen nehmen soll.«

Als der Gottesdienst aus ist, wartet er am Portal, bis sie herauskommt und sagt zu ihr: »Es freut mich ja, daß meine Predigt Sie so angerührt hat. Aber Sie brauchen das, was ich gesagt habe, nicht so persönlich auf sich zu beziehen, ich hab's mehr für die Allgemeinheit gesagt.«

»Noi, noi, deswege hab' i net g'heult«, schluchzt sie weiter.

»Ja, warum heulen Sie denn dann so?«

»Ha, wisse Se, i bin a arme Witfrau, und i hab' en oinzige Sohn. Den hab' i mit Wäsche und Putze ufzoge. Un jetzt studiert er in Tübinge au Theologie. Un wo i Sie heut' so predige hab' höre, hab' i emmer denke mieße: »Huh, huh, wär' des schad' om des schöne Geld, wenn der au emol so en Babb schwätze dät wie Sie!!«

Von dieser Geschichte gibt es auch eine katholische Version: Hier ist es ein Franziskanerpater, der in einer schwäbischen Dorfkirche eine Missionswoche hält. Er hat einen langen Bart, der beim Predigen immer auf und ab wippt. Auch er bemerkt ein altes Weible, das bitterlich schluchzt und will sie, wie jener junge Pfarrer, am Ausgang trösten. Auch sie sagt: »Noi, noi, deswege hab' i net g'heult.«

»Ja, warum denn dann?«

»Ha, wisset Se, mir isch vorige Woch' mei Geiß verreckt, on

die hat no so schee Milch gebe. On wo i Sie no so hab' mit Ihrem Bart wackle seh', hab i emmer an mei arme Geiß denke mieße.«

Autorität

In einer Schulklasse fragt der Lehrer: »Weiß einer von euch, was Autorität ist?« Keiner meldet sich.

»Hat auch keiner eine Ahnung, was es sein könnte?«

Der Sohn vom Direktor meldet sich.

»Weißt Du's?«

»Noi, was es isch, weiß i net. I weiß bloß, daß mer's unterem Nachthemd hat.«

»Was? Unterm Nachthemd? Wie meinst du denn das?«

»Also, des isch so: Mir sin daheim fünf Kinder. Obends, wenn mir ins Bett geh'n, mache mir emmer Kisseschlachte und so andere Gaude und Dommheite, un da geht's halt laut her dabei. Dann ruft mei Vatter: »Jetzt ischs awwer g'nug! Uffhöre!«

Aber mir mache emmer no weiter. Nach eme Weile brüllt mei Vatter: »Wenn ihr jetzt koi Ruh' gebet, dann komm i nüwer und es setzt was!«

Und dann sagt mei Mutter emmer ganz leis zu ehm: »Geh awwer net em Nachthemd, sonscht verliersch dei Autorität!«

Der übereifrige Lehrbub

Herr Himmelberger, ein Schmuckwarenfabrikant, klein und dick, mit Vollmondglatze und sehr humorvoll, erzählt beim Stammtisch:

Da hab' ich doch jetzt so einen übereifrigen Lehrbub, der geht mir direkt auf den Wecker mit seinem ewigen: »Herr Himmelberger, was soll ich denn jetzt mache?«

»No machsch halt emol jetzt des un des.«

Nach einer Weile kommt er schon wieder und fragt: »Herr Himmelberger, was soll ich denn jetzt mache?«

»Ja, bist du denn schon wieder fertig?«

»Ha jo«, sagt er.

»Dann machst halt sell und sell.«

Nach fünf Minuten kommt er schon wieder angerannt und sagt: »Herr Himmelberger, was soll ich denn jetzt mache?«

»Ja, sag emol, bist denn schon wieder fertig, du Sapperlot?«

»Ha, freile!«

So geht das fort und fort, den ganzen Tag lang, bis mir zuletzt der Geduldsfaden reißt und ich sag': »O Kerle, streck doch dein' Arsch zum Fenster naus!«

Nach einer Weile kommt er doch wieder gerannt und sagt: »Herr Himmelberger, was soll ich jetzt mache?«

»Ja, was hast denn jetzt gemacht?«

»Ha, des wo Sie g'sagt henn, mein Arsch hab i zum Fenster nausg'streckt.«

»Nein, doch nicht im Ernst?«

»Ha freile, Sie henn mi's doch ag'heiße.«

»Aber doch nicht da auf die Straße hinaus?«

»Doch.«

»Ja sag emol, was habe denn da die Leut' g'sagt?«

»Gude Dag, Herr Himmelberger, gude Dag, Herr Himmelberger, gude Dag, Herr Himmelberger!«

Kunstverständnis

In einer Dorfschule hat der Lehrer das weltberühmte Bild der zwei Engelchen – Putten – am Fuße der sixtinischen Madonna von Raffael aufgehängt, eine Kopie natürlich, das Original hängt im Grünen Gewölbe des Zwingers in Dresden, wie jeder Kunstliebhaber weiß.

Der Schulrat kommt zur Inspektion, sieht das Bild an der Wand und sagt zum Lehrer: »Das finde ich aber sehr anerkennenswert von Ihnen, daß Sie in den Kleinen schon früh das Kunstverständnis wecken.«

»Wie meinet Sie des, Herr Oberschulrat?«

»Na hier, die zwei Putten von Raffael.«

»Ach die? Wisset Se, worom i die da nag'hängt hab'? Wenn

meine Schulkender sich so uf d' Bank nafleglet, dann sag' i emmer: »Do, gucket eich emol die zwai a, sieht des vielleicht schee aus?«

Die Warneckles

Schräg gegenüber meinem Elternhaus stand ein altes Patrizierhaus, in dem drei ledige Geschwister wohnten: Hermine, Agnes und Reinhard Warneck, von uns Kindern die »Warneckles« genannt. Sie waren älter als meine Eltern, aber trotzdem nannten wir sie niemals Tante oder Onkel, sondern redeten sie einfach mit Vornamen und Du an. Sie hatten einen despotischen Vater, an den ich mich aber nur noch dunkel erinnern kann. Ihm wurde nachgesagt, er habe aus lauter Egoismus jeden Bewerber um die Hand seiner Töchter weggeschickt. So wurden diese schließlich alte Jungfern, und ihr Bruder Reinhard blieb anscheinend aus Solidarität ebenfalls ledig. Die drei lebten in schönster Harmonie zusammen, und ihr schönes altes Haus war für uns Kinder das wahre Paradies.

Imponierend war gleich beim Eintreten das große und helle Treppenhaus, welches die drei Stockwerke verband. Einstens ein Einfamilienhaus, war es jetzt in drei Etagenwohnungen unterteilt. Im Erdgeschoß befand sich Büro und Produktionsstätte einer Schmuckwarenfabrik, wie sie für diese Stadt typisch sind. Im ersten Stock wohnten die Warneckles selber, und im zweiten eine pensionierte »Frau Oberin«, so eine Steifgestärkte, die wir nicht ausstehen konnten, weil sie immer so vornehm tat und uns bei jeder Gelegenheit Manieren beibringen wollte, was den drei Warneckles nicht im Traum eingefallen wäre.

Bei ihnen durften wir einfach alles, was uns zu Hause oder sonstwo verboten war. Der ganze Warnecksche Haushalt war mit antiken Möbeln und Gemälden eingerichtet – aber nicht etwa gekaufte oder gesammelte Stücke, nein, alles war

im Lauf der Jahrzehnte oder Jahrhunderte einfach stehenge-
blieben. Der Hauptstil war Biedermeier, und vielleicht rührt
von daher meine Vorliebe für diesen Stil, seit meiner Kindheit
und bis heute.

In unserem Elternhaus gab es kaum etwas »Altes«. Meine
Eltern waren im Nachjugendstil eingerichtet: schwere, pech-
schwarze Eichenmöbel mit Schnitzereien, die mein Vater, ein
Hobbyschnitzer, selber angefertigt hatte. Da solche Möbel
damals modern waren und alle »besseren« Leute sich so ein-
richteten, konnten die Warneckles niemals begreifen, wieso
ich sie scheußlich fand, dagegen für ihr »altes G'lump« in
Schwärmerei ausbrechen konnte. Sie amüsierten sich darüber
und versprachen mir oft, wenn ich groß sei und sie nicht mehr
lebten, bekäme ich alles, denn den »Krempel« wolle ja sowieso kein vernünftiger Mensch.

Die Porträts der Warneckschen Ahnen an den Wänden waren
mit den lebenden Geschwistern, besonders Agnes, dermaßen
ähnlich, daß ich immer wieder behauptete, das seien gar
keine alten Bilder, sondern die drei Geschwister hätten sich
alte Kostüme angezogen und so porträtieren lassen, was immer neue Heiterkeit bei ihnen hervorrief.

Das Schönste im ganzen Haus war aber für uns der Speicher
mit seinen Schränken voll alter Kleider, Schuhe und Hüte.
Teils waren es abgelegte, wirklich getragene Kleider der Vorfahren, teils auch Fastnachtskostüme und Ballroben. Stunden, ja halbe Tage konnten wir Kinder da oben zubringen,
indem wir uns kostümierten und vor den großen, an den
Wänden angebrachten Spiegelkonsolen hin und her stolzier-
ten und dazu improvisierte Theaterrollen spielten, die wir uns
zu den Kostümen passend ausdachten.

Wenn wir uns in den Reifröcken, Schleppenkleidern, Pleu-
reusen, Federhüten und Knopfstiefeln besonders ulkig vorka-
men, begaben wir uns in den ersten Stock hinunter, um uns
den drei Geschwistern vorzustellen, die dann in schallendes
Gelächter ausbrachen. Nur an der Wohnungstür der Oberin
Zachmann mußten wir uns leise vorbeischmuggeln, denn

wenn die uns so sah, gab's »Saures«. Ja, nicht genug, die Warneckles kriegten auch noch ihr Teil ab, daß sie uns so unnützes Zeug anstellen ließen, anstatt uns anzuhalten, etwas Vernünftiges zu tun.

Die Warneckles waren reich, sie lebten von den Zinsen ihres Vermögens. Solche Leute nannte man damals »Rentier« – französisch ausgesprochen –, im Gegensatz zu den kleinen Leuten, die nur Rentner waren. Einen Beruf hatte, so viel ich weiß, keines von ihnen gelernt. Ihre Beschäftigung war eben, ihr Geld so zu verwalten, daß es nicht weniger wurde. Das war Reinhards Angelegenheit, während die zwei Schwestern sich um den Haushalt kümmerten. Immer, wenn wir zu ihnen kamen, und das war fast täglich, rannte Hermine sofort in die Küche und bereitete uns ein »Vesperle«, bestehend aus einer Knackwurst – an Sonn- und Feiertagen oder am Geburtstag einem Schweineripple –, einem Fünferlaible, einem mit Mehl bestäubten Miniaturweißbrotlaib, der sagenhafte fünf Pfennige kostete, während ein Weck, eine Semmel, nur drei Pfennige kostete. Eine Tasse Kakao und ein saures Gürkle waren der i-Tupfen auf dem Vesper.

Meine Eltern lebten damals samt uns Kindern vegetarisch, ja fast ausschließlich rohköstlerisch, da mein Vater an einer hartnäckigen Furunkulose litt, die kein Arzt wegkurieren konnte. Penicillin und Sulfonamide gab es damals ja noch nicht. So hatte meine Mutter den Einfall, die Krankheit mit Rohkost wegzukurieren, was ihr schließlich auch gelungen sein soll. Es war also kein Wunder, daß wir Kinder förmlich gierten und lechzten nach Fleisch, Wurst und Weißbrot, und eben diese Gelüste wurden im Hause Warneck gestillt. Wenn wir dann nach Hause kamen und bei Tisch im Essen herumstocherten, witterte meine Mutter sofort, was los war: »Habt ihr wieder bei den Warneckles gegessen?« Auf unser betretenes Schweigen polterte sie los: »Ja sagt einmal, schämt ihr euch denn gar nicht? Das sieht ja so aus, als ob ihr daheim nicht genug zu essen kriegtet. Was sollen die denn von uns denken? Daß ihr euch das ja nicht wieder einfallen laßt!«

Nun, die Warnecks dachten sich gar nichts. Die waren einfach glücklich, wenn sie frohe Kinder um sich sahen. Dieses Glück mit einem Vesperle erkaufen zu können, bedeutete für sie kein Opfer. Wir waren quasi die Entschädigung für ihre Ehe- und Kinderlosigkeit. Dann kam die Inflation. Die größten Vermögen waren über Nacht dahin, wenn sie nicht in Immobilien angelegt waren. So waren auch die Warnecks, die nie einen Mangel gekannt hatten, plötzlich arm geworden. »Verschämte Arme« nannte man solche Leute, die zu stolz waren, um sich bei der Fürsorge zu melden, und die lieber hungerten, als Almosen von irgendwem oder von irgendeiner staatlichen Stelle anzunehmen. Agnes ging in ein Schokoladengeschäft als Verkäuferin. Reinhard übernahm eine Vertretung für Weine, Spirituosen und Tabakwaren. Er suchte seine ehemaligen Freunde auf, die schlau genug gewesen waren, ihr Vermögen über die Inflation hinweg zu retten, und die ihm wohl mehr aus Mitleid seine Waren abkauften. Wir Kinder ahnten freilich nichts von der Katastrophe, die über unsere Freunde hereingebrochen war. Nach wie vor rannte Hermine in die Küche, um uns unser Vesperle zu richten.

Aber meine Mutter nahm uns eines Tages vor und sagte: »Jetzt hört mir einmal gut zu, ja? Die Warnecks waren einmal sehr, sehr reich. Wenn sie euch traktiert haben, hat ihnen das gar nichts ausgemacht. Aber jetzt haben sie all ihr Geld verloren und leben in bitterer Armut. Sie sind viel ärmer als wir. Alles, was sie euch vorsetzen, müssen sie sich buchstäblich selber vom Mund absparen. Das wollt ihr doch nicht, oder? Also – versprecht es mir in die Hand – nie wieder vespert ihr dort drüben!«

Beim nächsten Besuch, als Hermine wie gewohnt das Vesper richten wollte, erklärten wir wie aus einem Mund: »Wir essen nichts!«

»Ja, wieso denn nicht?«

»Weil wir satt sind.«

»Warum seid ihr denn auf einmal satt?«

»Weil wir grad eben daheim gegessen haben.«

»Und ihr wollt wirklich *gar* nichts essen?«

»Nein, wir müssen erbrechen, wenn wir noch etwas essen.«

»Also jetzt einmal heraus mit der Sprache, hier stimmt doch was nicht.«

Und ich, damals vielleicht acht oder neun Jahre alt, platzte heraus: »Wir wissen ganz genau, daß ihr in anderen Umständen seid!«

Hermine drehte sich um, damit sie nicht vor Lachen herausplatzte. Sie hatte verstanden, daß wir zu Hause eingeheizt bekommen hatten. Noch nach vielen Jahren, als ich schon auf der Universität war, hielten die beiden mir schmunzelnd vor, ich hätte sie noch auf ihre alten Tage als ehrbare alte Jungfern in Schande bringen wollen.

Das Haus Warneck und die drei Geschwister, schon hochbetagt, haben ein trauriges Ende genommen: Eine Fliegerbombe im zweiten Weltkrieg zerstörte ihr Haus vollkommen und begrub sie alle drei unter den Trümmern. Ich hoffe nur, daß sie nicht leiden mußten.

In mir leben sie fort, und wenn ich hundert Jahre alt werden sollte, so werde ich die sonnigen und heiteren Stunden im Hause Warneck nicht vergessen.

Der Bienenbatterich

Vor meiner Konfirmation ging es mir nicht anders als den meisten Konfirmanden heutzutage auch: ich überschlug, wieviel Geld ich wohl geschenkt bekommen würde und was ich damit anfangen könnte. Es war dann der sagenhafte Betrag von 150 – einhundertfünfzig! – Reichsmark, im Jahre 1929 für einen Buben wie mich ein Vermögen! Natürlich wußte ich, daß meine Mutter das Geld sofort auf die Sparkasse tragen würde. Ich würde niemals etwas davon haben als das Bewußtsein, eben hundertfünfzig Mark auf dem Konto zu haben. Daher überlegte ich krampfhaft, wie ich das

Geld vorher verputzen könnte, um es ihrem Zugriff zu entziehen. Ein Mann, der damals viel in unserem Hause verkehrte, eine verkrachte Existenz, der sich wie ein Parasit an uns anhängte und allen schrecklich auf den Wecker ging, wurde von mir ins Komplott gezogen. Da er sich allen Leuten mit »Watt ischt mein Name« vorstellte, sprachen wir von ihm auch nicht als »der Watt«, sondern nannten ihn ebenfalls »der Watt ischt mein Name«. Er konnte zu allem und jedem seinen Senf geben, wußte über alles Bescheid, und deshalb imponierte er mir irgendwie. *Watt ischt mein Name* hatte auch sofort eine Idee, wie ich mein Geld anlegen könnte. Er kannte einen Mann, der nach Amerika auswandern wollte und die Absicht hatte, seinen Bienenstand zu verkaufen. Wenn er, der *Watt ischt mein Name*, mit ihm reden würde, gäbe der sicher seinen ganzen Bienenstand mit dem Zubehör für den Spottpreis von hundertfünfzig Mark her. Und Bienen seien die sicherste Kapitalanlage, die es gebe. Schon von einer einzigen Honigernte könne man den doppelten Betrag hereinbringen. Ich war Feuer und Flamme. Sofort rannte ich mit *Watt ischt mein Name* hin, wurde mit dem Auswanderer einig und erhielt einen Schnellkurs in Imkerei. Ich hatte ja von Bienenzucht nicht die mindeste Ahnung. Der Auswanderer wanderte aus, aber den Garten, in dem die Bienen standen, hatte er einem anderen verkauft, und dieser neue Besitzer wollte die Bienen unter allen Umständen und schnellstens los sein. Jetzt war guter Rat teuer. Wir wohnten im vierten Stock eines Mietshauses. Der Garten, den wir gepachtet hatten, lag ebenfalls zwischen hohen Mietshäusern und kam als Bienenunterkunft nicht in Frage. Ich mußte also Farbe bekennen und meinen Eltern meine geschäftliche Transaktion beichten. Der erste Impuls war natürlich, die Bienen wieder zu verkaufen. Aber *Watt ischt mein Name* machte meinen Eltern klar, daß Bienenzucht für einen vierzehnjährigen Buben wie mich eine zwar ungewöhnliche, aber doch recht vernünftige und gewinnbringende Liebhaberei sei. Wer wisse denn, was ich dann für Dummheiten anstellen würde, wenn sie mir die Bienen wegnähmen? Nachdem der Familienrat lange beratschlagt hatte, wobei mein Vater strikt dagegen, meine Mutter aber schon halb dafür war, sie zu behalten, kam meine Mutter auf die Idee, unsere große Wohnung aufzugeben und ein Haus außerhalb der Stadt zu mieten, eines mit Garten ringsherum. Erstens, so meinte sie, sei ich jetzt noch der Einzige im Hause, und wir brauchten die Riesenwohnung doch gar nicht mehr. Weiter argumentierte sie, vier Treppen zu steigen fiele ihr doch langsam schon schwer, denn sie sei ja mit ihren 51 auch nicht mehr die Jüngste. Außerdem habe sie es schon lange satt, inmitten grauer Häusermauern und gegenüber dem Bahnhof ihr Leben zu fristen. Schon lange habe sie sich danach gesehnt, irgendwo im Grünen zu wohnen.

Es wurde ein Einfamilienhaus mit fünf Zimmern und Garten in einer reizenden Gartenstadt am Stadtrand gemietet, »auf dem Sonnenberg«, wie er fälschlicherweise hieß, denn es war ein Nordhang, und die Sonne schien niemals in die Zimmer, sondern nur in die Küche und in ein kleines Kämmerchen. Früher wurden die Häuser nicht, wie heute, funktionell gebaut, sondern repräsentativ, nämlich so, daß die Wohnräume unbedingt nach der Straße zu lagen und die Nebenräume hintenhinaus, gleichviel, wo die Sonne schien oder die schönste Aussicht war. Dort zogen wir also mit meinem Bienenstand ein, und man kann sich leicht vorstellen, wie entzückt die Nachbarn darüber waren. Ich meldete mich gleich beim Imkerverein an, wo ich noch mehr von dem Metier zu erlernen hoffte. Die pensionierten Oberlehrer und Pfarrer und anderen »Imkergreise«, die sie für mich Vierzehnjährigen waren, hatten ihren Heidenspaß an ihrem jüngsten Vereinsmitglied. Sie waren bereit, mir zur Hand zu gehen und mich in die Geheimnisse der Bienenzucht einzuweihen. Jeden Samstag kam einer von ihnen, nahm die Waben aus den Kästen und kontrollierte, ob die Königin fleißig Eier legte und ob bald ein Weisel ausgebrütet würde, womit dann ein Schwarm zu erwarten war.

Der Zufall wollte es, daß in jenem ersten Jahr meiner Imkerei der Tannenwald honigte, was nur alle paar Jahre einmal vorkommt. Wir bekamen also eine gute »Tracht«, wie der Imker sagt, und schleuderten so bei vierhundert Pfund aus den Waben, so daß wir mit dem Abfüllen kaum nachkamen. Der Wert des geernteten Honigs ergab etwa das Dreifache des investierten Kapitals. *Watt ischt mein Name* hatte also recht behalten und nicht gelogen.

Daß wir den Honig niemals verkauften, sondern größtenteils verschenkten an Alte, Arme, Kranke, Verwandte und Freunde sowie an die Nachbarn, die wir wegen der erlittenen Bienenstiche günstig stimmen mußten, steht freilich auf einem anderen Blatt. Uns selber hing der Honig bald meterlang zum Hals heraus und ich mache mir bis heute nicht viel aus Honig.

Ein paar Jahre lang frönte ich meinem Bienenspleen. Dann wurde ich es leid, alle Samstage auf dem Bienenstand zu verbringen, denn ein junger Kerl hat ja auch sonst mal was vor. Zudem kam ich oft mit total verschwollenem Gesicht in die Schule, so daß ich kaum die Augen aufmachen konnte. Dann brüllte die ganze Klasse vor Lachen: »Der Bienebatterich, ha, ha, der Bienebatterich!« (Batterich ist bei uns in Süddeutschland ein Ausdruck für einen Spleenigen.)

Gatzn (Katzen)

Während der ersten fünf medizinischen Semester hatte man zu meiner Zeit noch genügend Freistunden, um andere Fächer belegen zu können, die zwar nichts mit dem Beruf zu tun hatten, für die man sich aber interessierte. Das taten fast alle Studenten, und ich fand das gut, denn auf diese Weise kamen nicht wissenschaftliche Facharbeiter, sondern allgemeingebildete Menschen von der Uni herunter, eben das, was man unter einem Akademiker versteht. Ich belegte Philosophie und Theologie. Auf dem humanistischen Gymnasium, das ich besucht hatte, hatten wir in den letzten zwei Jahren philosophische Propädeutik an Stelle des Religionsunterrichtes gehabt, was mein Interesse an der Philosophie geweckt hatte, und da ich das große Latinum, das Graecum und Hebraicum am Gymnasium gemacht hatte, fiel mir die Teilnahme am Theologiestudium nicht schwer.

Nach drei Semestern, als es Zeit wurde, mich auf das Physikum vorzubereiten, gab ich meine Liebhaberstudien auf, da ich es zeitlich einfach nicht mehr schaffte. Theologie hätte ich gerne weiter studiert, aber von der Philosophie hatte ich die Nase voll. Ich hatte bald gemerkt, daß der Herr Windelband (Einführung in die Philosophie) recht hatte, wenn er sagte, die Philosophie sei die einzige Wissenschaft, die nicht auf den Erkenntnissen der Vorgänger aufbaue, sondern diese über den Haufen werfe und an deren Stelle ihre eigenen setze. Was für einen Sinn soll das haben?, fragte ich mich. Mir gab die Philosophie bei meinen Fragen über das Warum und den Sinn des Lebens, über Gott und die Entstehung der Welt gar nichts, und ich legte sie deshalb ein für allemal »zu den Akten«.

Im Arbeitsdienst im Hochschwarzwald hatte ich ein Leipziger Ehepaar kennengelernt, das dort Ferien machte, einen Bankdirektor Abend und seine Frau. Sie hatten mich herzlich und dringend eingeladen, sie doch zu besuchen, wenn ich in Leipzig sei.

Also meldete ich mich eines Tages telefonisch bei ihnen an und wurde zum Sonntagnachmittagskaffee eingeladen. Es war schon November und sehr kalt, aber ich fuhr trotzdem mit dem Fahrrad, um Geld zu sparen, natürlich ohne Mantel. Auf mein Klingeln öffnete sich die Tür einen Spalt, wurde mir aber sofort wieder vor der Nase zugeknallt. »Nanu«, dachte ich, »was ist denn das für ein Empfang?« und wollte mich schon zum Gehen wenden, als wieder geöffnet wurde und eine schrille Stimme rief:

»Komm'n Se rein, junger Mann, komm'n se rein, ich kann nich weiter aufmachen, sonst laufen mir die Gatzen weg!«

Schnell witschte ich durch den Türspalt und wurde freudig

empfangen: »So, das is nett, junger Mann, legen Se ab, legn Se ab! Was? Sie sin wohl per Taille (per Taille = ohne Mantel), bei *der* Kälte? Wie komm'n Se mir denn vor? Nu, komm'n Se mal rein, so is recht, so, so.«

Als ich das altmodisch-pompös-kitischig eingerichtete Herrenzimmer betrat, traute ich kaum meinen Augen. Rund ums Zimmer lief unter der Decke ein Paneel, auf dem ein ganzes Rudel Katzen herumraste. Bald sprangen sie herunter auf den Bücherschrank – schwere Eiche –, dann auf den Tisch, auf die Polstersessel, auf den Schreibtisch, wieder hinauf aufs Paneel. Dabei kreischten sie ganz fürchterlich, es war ein wahrer Hexensabbat, daß es einem angst und bange werden konnte.

»Is das nich niedlich?« fragte mich Frau Bankdirektor, »die spielen Griechen, müssen Se wissen« (Kriegen spielen – bei uns »Fangerles« genannt).

»Ja, ich bin nämlich eine große Gatzenfreundin, müssen Se wissen. Kinder hab ich keine, aber Gatzen sind mir auch viel lieber, das sind viel, viel dankbarere Objekte als Kinder. Ich war nämlich früher Lehrerin, müssen Se wissen, da hab ich die Kinder so richtig satt gekriegt. Da hab ich mir geschworen, wenn ich mal heirate, Kinder will ich keine! Aber nu wollen wir mal Kaffee trinken, ich hab ihn schon aufgesetzt. Männe, bring' doch mal den Kaffee rein und die Kuchenschüssel dazu, ich deck' derweil den Tisch.« Feinstes Meißner Porzellan, Blümchenmuster, wie in jedem besseren sächsischen Haus.

»Nu, so setzen Se sich doch, Se steh'n ja immer noch!« Ich wollte auf einem der Polstersessel Platz nehmen, aber da schrie sie: »Halt, nicht auf den, der is voller Gatzenhaare, die kriegen Se nachher nicht mehr vom Anzug weg!«

Beim nächsten und übernächsten Sessel, beim Sofa und den gepolsterten Stühlen gings genau so, alle waren »voller Gatzenhaare, da räkeln sich nämlich die Tierchen immer drauf rum!«

Schließlich blieb noch ein ungepolsterter Hocker für den Gast, weil der den Katzen zu ungemütlich war.

Herr Direktor kam mit dem Kaffee und der Kuchenschüssel herein. Kaum stand alles auf dem Tisch, so sausten auch schon die Katzen von allen Seiten vom Paneel herunter, setzten sich rund um die Kuchenschüssel und fingen an, genüßlich die Schlagsahne von den Törtchen zu lecken. Aber da wurde die Frau Direktor ernstlich böse: »Na hört mal, Bärtchen, Jolanda, Pussilein, wie benehmt ihr euch denn? Ihr wißt doch, daß ihr nicht die Schlagsahne von den Schillerlocken lecken dürft, wenn *Besuch* da ist! Das wißt ihr ganz genau, ihr Bösen, Bösen!«

»Nu, junger Mann« – zu mir gewandt – »greifen Se zu, genieren Se sich nich! Halt, nich von dem, da hat Bärtchen daran geleckt! Nee, das auch nich, da hat Jolanda daran geleckt! Und an dem hat Pussi geleckt!«

Schließlich blieb noch ein Stück Streuselkuchen für den Gast, der war den Katzen zu trocken gewesen. Während wir Kaffee tranken, fragte sie mich: »Sin Se fertig? Wolln Se nichts mehr? Dann will ich Ihnen mal was zeigen, wie klug solche Tierchen sind! Se möchten's nich glauben, aber es is direkt unheimlich. Jetzt passen Se mal auf. Da seh'n Se das winzig kleine Sahnetöppel und so ein Gatzenkopf is mindestens dreimal so groß. Wenn ich nu sage: ›Bärtchen, du darfst das Sahnetöppel auslecken!‹ dann passen Se mal auf, wie die das macht!«

Und das neunmalkluge Bärtchen tunkte seine Pfote in das Töppel und leckte sie genüßlich ab, immer wieder, immer wieder, bis das Töppel leer war. Frau Direktor saß mit verklärter Miene dabei und schaute ihr zu. »Na, das hätten Se nich gedacht, was? So was von Intelligenz, das gibt's doch gar nich wieder!«

Nun, ich hatte die Nase voll von der ganzen Katzenwirtschaft, und ich empfahl mich, sobald ich es anstandshalber konnte, aber unter großem Protest der Bankdirektorsleute. Sie meinten, ich sei ja eben erst gekommen, warum ich denn schon wieder gehen wolle, jetzt hätten sie sich gerade recht gemütlich mit mir unterhalten wollen. Nie wieder habe ich mich bei ihnen gemeldet, bis sie eines Tages anriefen und mich fragten, ob ich ihnen nicht beim Umzug helfen wolle. Sie müßten nämlich eine größere Wohnung haben wegen der Katzen, sie hätten inzwischen noch mehr dazubekommen. Zum Umzug könnten sie gut einen kräftigen jungen Mann brauchen, der helfe, die Kisten auszupacken, Schränke zusammenzuschrauben, Betten aufzuschlagen, Bilder und Vorhänge aufzuhängen und so fort, denn »das machen ja die Möbelpacker nich, die stellen das Zeug einfach hin und gehen weg…, und da wir keine eigenen Kinder haben, dachten wir…«

Ruth, meine Schwester, meinte, da gehst du hin, sicher bezahlen die das gut, du bist ja immer darauf aus, etwas zu verdienen. Sie gab mir Vesperbrot und eine Thermosflasche voll Kaffee mit, denn bei einem Umzug könne man nicht noch nebenher kochen, meinte sie. Nach dem Sezierkurs radelte ich los und werkelte und werkelte, bis die Wohnung so einigermaßen eingerichtet war. Herr Abend meinte zu seiner Frau: »Nu stell' mal was zu essen auf den Tisch, wir sind hungrig, besonders der junge Mann«, aber da kam er bei seiner besseren Hälfte schön an.

»Wie kann ich denn was zu essen auf den Tisch stellen, wenn noch gar nichts ausgepackt ist«, keifte sie, »ich hab' nichts im Hause!«

»So mach' doch ein paar Einmachgläser auf, hast ja haufenweise davon!«

»Nee, die sind noch nich nach Jahrgängen sortiert, und ich nehm' nich die frischeren vor den älteren, das tu ich grundsätzlich nich, du weißt es!«

»Na, da lauf doch um die Ecke und hol' was vom Fleischer und Bäcker!«

»Da war ich schon, die hatten nichts mehr, war alles ausverkauft, und außerdem ist jetzt schon lange Ladenschluß vorbei.«

»Zum Donnerwetter, mach' was du willst, ich laß den jungen Mann nicht ohne Vesper weg, wo er den ganzen Nachmittag und Abend geschuftet hat«, und dabei haute er mit der Faust auf den Tisch, und der schönste Ehekrach war im Gange.

Ich beschwichtigte die beiden und zeigte ihnen meine Aktentasche voller Vesperbrote und die Thermosflasche, die mir Ruth mitgegeben hatte.

»Da siehst es, seine Schwester hat gleich gewußt, daß man bei einem Umzug nichts im Hause hat, Frauen haben eben für so was viel mehr Verständnis als Ihr Männer!«

Schließlich lud *ich* die beiden ein, mir mein Vesper verzehren zu helfen, und wir saßen einträchtiglich auf den Küchenhokkern, während die Katzen im eigens für sie gemieteten Katzensalon jämmerlich miauten.

Als ich ging, gab es ein großes Bedanken und: »wir werden uns schon noch erkenntlich zeigen, junger Mann!« (Der »junge Mann« ging mir schon mächtig auf den Wecker).

Viel später, ich hatte die Sache schon fast vergessen, kam ein Brief mit einer Karte fürs Gewandhaussymphonieorchester – aber für die Generalprobe! »Mit vielem Dank für Ihre Hilfe, Ihre Abends, Bankdirektor«.

Das war das Ende meiner Bekanntschaft mit Bankdirektors.

Tante Berta und die Weißwursthochzeit

Während meiner Studentenzeit in Leipzig fuhr ich alle zwei Monate einmal für ein Wochenende nach Berlin zu Tante Berta. Sie war zwar keine richtige Tante, so das, was man eine Nenntante heißt, aber ich hatte einen Stein im Brett bei ihr, und sie verwöhnte mich nach Strich und Faden. Damals gab es, wie heute, schon eine alternative Welle, deren Anhänger auch ich war, und wer uns sah, murmelte: »Latsch, latsch, die Heide blüht«. Wenn ich nun mit meinen handgesponnenen, handgewebten Klamotten, mit weißen, im Zopfmuster gestrickten Wollstrümpfen und Haferlschuhen angetan nach Berlin kam, dann schlug Tante Berta die Hände überm Kopf zusammen und sagte tadelnd: »Jotte doch, Geertchen, wie siehste denn wieder aus? Du läufst ja rum wie »Uns geht die Sonne nicht unter« – sooo kannste in Berlin nich rumlaufen. Wo kann ick denn da mit Dir hingehen? Höchstens nachm Kino, wo't dunkel is. Ich möchte aber mit so 'nem hübschen jungen Mann wo hin gehen, wo man uns sieht! Nein, weißte, ›allet wo't hinpaßt‹ sage ick immer! Wenn ick in Garmisch bin, zieh ick mir ooch en Dürndl an, aber hier in Berlin würde mir det nie einfallen. Komm, laß uns nach Leinewebern geh'n und Dir einkleiden!«

Also fuhren wir – mit livriertem Chauffeur, versteht sich – in das bekannte Herrenbekleidungshaus Leineweber. Ich wurde von Kopf bis Fuß neu eingekleidet in ganz konventionelle Herrenbekleidung, mußte aber versprechen, diese neuen Kleider bei meinem nächsten Berlinbesuch ganz bestimmt zu tragen.

Tante Berta war ein echtes Berliner Original. »Ick bin Urberlinerin«, pflegte sie zu sagen. »Det is man, wenn alle vier Jroßeltern von Berlin waren, und det is janz, janz selten, det is so jut wie alter Adel. Als ick noch jung war, nannten sie mir alle die Walzerkönigin, und am liebsten wäre ick Tänzerin jeworden. Ick hatte nämlich eine Tante, die war Primaballerina an der kaiserlichen Hofoper. Und wenn die ausländischen Monarchen zum Kaiser kamen, dann wurde sie von der kaiserlichen Hofequipage abjeholt und mußte vorm Kaiser und vor den exotischen Monarchen wat vortanzen und – wat soll ick Dir sagen? – schwapp! hatte sie wieder 'n Orden weg! Die janze Brust voller Orden hatte die. Aber was mein Vater war, der war ja streng bürgerlich, für ihn war die Tante ein Schandfleck auf der Familienehre. ›Berteken‹, sagte der zu mir, ›wenn du dir einfallen läßt, Tänzerin zu wern, denn schlag' ich Dir vorher sämtliche Knochen im Leib kaputt, damit De nich mehr tanzen kannst, vastehste mir?‹ So hab' ick den Wunsch, Tänzerin zu werden, bejraben. Danach wollte ick Diakonissin wern, weil ick mir immer so sehr für de Medizin interessiert hab'. Aber bevor ick so weit war, kam Onkel

28

Hugo und hat mir jeheiratet, da war't auch jut. Aber weißte, Geertchen, früher war det noch nich so wie heute. Wat soll ick Dir sagen? Ein janzes Vierteljahr bin ick mit Onkel Hugo'n jegangen, bis er mir zum erstenmal jeküßt hat. Ja, damals war die Jugend noch nich so vadorben wie heute – Dir nehm' ick aus, bist'n anständjer junger Mann, Geertchen. Also, immer, wenn ick von so 'nem Spazierjang mit Onkel Hugo'n im Tierjarten heimkam, stand meine Mutter an der Tür und fragte mir: ›Na, Berteken, hat er Dir heute jeküßt?‹ Und wenn ick dann kleinlaut sagte: ›Nee, Mutter‹, denn sagte meine Mutter: ›Jotte doch, hat denn der junge Mensch 'ne Mundkrankheit?‹ Da kannste sehen, wie anständig wir damals waren!«

Einmal war große Abendgesellschaft bei Tante Berta und Onkel Hugo. Sie waren steinreiche Fabrikanten und hatten nicht nur eine luxuriöse Siebenzimmerwohnung in Tempelhof, welche mit ›echten, altflämischen Patriziermöbeln‹ (Betonung auf zier) ausgestattet war, sondern für das Sommerhalbjahr ein Schweizerchalet in einem riesigen Park in Wendenschloß am Müggelsee, mit einer Motorjacht, auf der man kochen und essen, auch schlafen konnte, ein Paradies für einen armen Werkstudenten wie mich! Tante Berta hatte zu ihrer Soirée eine Menge Leute von Rang und Namen eingeladen. Es gab alles, was man sich an kulinarischen Genüssen nur denken und wünschen konnte. Livrierte Lohndiener sausten herum, und die Gäste waren alle in Abendkleidern und Smoking. Auch ich mußte aus Leipzig herüberkommen, denn ›Du kannst immer die Leute so gut unterhalten mit Deinen Geschichten‹, schrieb Tante Berta.

Ich kriegte eine Tischdame, die ich überhaupt nicht kannte, und ich hatte keine Ahnung, worüber ich mit ihr reden sollte, das heißt, wofür sie sich interessierte. Auf's Geratewohl fing ich also an, ihr von meinem Steckenpferd zu erzählen, nämlich alte Bibeln, Hauspostillen, Andachtsbücher und andere Folianten aller Art zu sammeln, und die Dame ging begeistert darauf ein.

»Ja, is wirklich interessant, sone ollen Schmöker«, meinte sie, »wir ham ooch welche zu Hause. Bibeln sind es ja nich jerade, aber Schillers Werke. Uralt, sage ich Ihnen, ham schon janz vajilbte Blätter, die müssen schon mindestens ausm fünfzehnten oder sechzehnten Jahrhundert sein.« Tante Berta nahm mich beiseite und wollte wissen, worüber wir uns so angeregt unterhalten hätten, und ich sagte es ihr. »Ph, det bin ich bei der jewöhnt, die muß immer allet haben, wat andere Leute haben.«

»Ja, aber sie meinte, Bibeln hätten sie nicht, nur Schillers Werke.«

»So? Na, da braucht se nich so anjeben, die ham wir ooch im Schrank zu stehen, sojar mit Joldschnitt!«

»Ja, aber deine sind wahrscheinlich nicht so alt wie ihre, die sind nämlich aus dem fünfzehnten oder sechzehnten Jahrhundert.«

»Nee, det muß ich ehrlich zujeben, so alt sind unsere ja nun nich jerade.«

»Das glaub ich Dir gerne, der gute Schiller hat nämlich erst zweihundert Jahre später gelebt.«

»Na, da siehste's mal wieder, wat ick immer sage, wat die für 'ne Bildung hat!«

Obwohl die NSDAP in den Augen der Hochfinanz eine Proletarierpartei war, fühlte Tante Berta doch den Wunsch, auch einmal was für den Führer und unser geliebtes Großdeutschland zu tun.

»Ick hab mir besonnen, was ick wohl tun könnte, und da dachte ick so bei mir, ick könnte ja mal für de Winterhilfe sammeln. Ick ließ mir also eine Klapperbüchse aushändijen, zog mir meinen Breitschwanzmantel für zehntausend Mark an, damit de Leute nich etwa denken, ick sammle für mir, und so ging ick von Haus zu Haus, von Tür zu Tür. Einmal kam ick an eine Tür, an der ein Schildchen mit sonem polnischen Namen befestigt war, ›Gräfin Itzeblitzky‹ oder so wat. Auf mein Klingeln öffnet se mir die Tür, und ick sage mein Sprüchlein: ›Heil Hitler, Frau Jräfin, jeben Se auch wat für die Winterhilfe?‹ Da sagt doch die zu mir: ›Nee, ick jebe nischt!‹

›Wat?‹ saje ick, ›Sie jeben nischt?‹

›Nee, ick jebe nischt‹ sagt se noch einmal. Da hat mich aber eine Wut gepackt, vor allem, als ich durch die Tür ins Wohnzimmer sah, und da hing doch das Weib in Lebensjröße jemalen an der Wand! ›Wissense, wat Sie in meinen Augen sind? 'ne Tanzjräfin sind Sie in meinen Augen, versteh'n Se mir? Heil Hitler!‹

Junge, Junge, der hab' ick et aber jejeben!«

Tante Berta war eine große Tierliebhaberin. Sie hatte nicht nur zwei Hunde, einen Dobermann und einen Foxterrier – »Wer keine Hunde liebt, is kein juter Mensch, saje ick immer« –, sondern in ihrem Park in Wendenschloß hatte sie auch immer ein paar Hühner, um ganz frische Eier zu haben. Wenn ich ihr zusah, wie sie von den Wurstscheiben die Pelle abmachte und wegwarf, den Hunden aber die Wurstscheibe gab, und von den Salatköpfen alles Grüne wegwarf und den Hühnerchen das Herzchen gab, wunderte ich mich und sagte ihr, daß wir es zu Hause bei uns gerade umgekehrt machten, nämlich den Hunden die Pelle und den Hühnern das Grüne vom Salat gäben. Da meinte sie empört: »So'n armet Tierchen hat auch lieber die Wurst als die Pelle und das Herzchen anstatt das Jrüne. So gemein sind die Menschen, aber ich habe ein Herz für Tiere.«

Auf einer meiner Heimreisen von Berlin nach Leipzig stieg in mein Zugabteil ein höherer SS-Führer, ein blonder Hüne mit blauen Augen, so eine richtige Idealfigur Adolf Hitlers, nordisch bis zum Gehtnichtmehr. Da wir allein im Abteil waren, kam bald ein Gespräch zustande. Bevor wir in Leipzig waren, kannte ich nicht nur die ganze Lebensgeschichte des Burschen, sondern war auch eingeladen, als Trauzeuge bei seiner Hochzeit zu fungieren. Er war aus Friesland, hatte sich in mehreren Berufen und Studien erfolglos versucht, und war schließlich hauptberuflich beim SD (Sicherheitsdienst, ähnlich der Gestapo) gelandet. Er fühlte sich keineswegs wohl in seiner Stellung, sah aber keinen Ausweg; er vertraute mir blindlings, nicht bedenkend, daß ich ja auch ein Spitzel hätte sein können.

Nun hatte er sich in eine Bayerin verliebt – sie sei aber ebenso blond und blauäugig wie er – *sehr* hübsch, aus gutem Hause, gut betucht, *sehr* gescheit, Dozentin an einem Lehrerinnenseminar. Nur einen Haken habe die Sache – sie sei katholisch, und ihre Mutter bestünde stur auf einer kirchlichen Trauung, anderenfalls sie sie verstoße und enterbe. Eine kirchliche Trauung sei ja aber für ihn als SS-Führer untragbar. Wenn das bei seiner Dienststelle bekannt würde, sei er erledigt. Sie müßten daher die Hochzeit ganz geheim abhalten, und da sie beide in Berlin gar keine Verwandten hätten, suchten sie nach zwei Trauzeugen, die sie gar nicht kennten. Der Hausarzt der Familie sei bereit mitzumachen, und wenn ich nun auch käme, sei alles im Lot.

Als nun der Tag vor der Trauung gekommen war, packte ich meinen schwarzen Anzug in den Koffer und fuhr nach Berlin, diesmal aber nicht zu Tante Berta, sondern direkt nach »Onkel Tom's Hütte«, einem Stadtteil Berlins, wo die Schwiegermutter wohnte.

Gleich beim Betreten der Wohnung merkte ich, daß hier »dicke Luft« war. Der Bräutigam lag auf der Couch und stellte sich schlafend, die Braut hatte ihr Brautkleid anprobiert, samt Schleier und Jungfernkranz, und sie rief ein ums andere Mal: »Jeses na, wie i mir da vorkomm', wie's Gespenst im Schloß komm i mir da vor! Weißt was, Mama, i glaub, mir lassen die Hochzeit ganz bleiben und gehn bloß zivil aufs Standesamt – so lauf i net rum!«

Aber da fauchte die Alte los: »Nix is, kirchlich 'traut wird, i hab dir's g'sagt – entweder eine kürchliche Trauung, oder 's gibt keine Hochzeit nicht, keine Mitgift, kein garnix, verstehst mi? Aber i weiß scho, wo die Musik blast, z'wegen deim Bräutigam, dei'm saubern, möchtst jetzt gern die Hochzeit abblasen, zwegen dei'm SS (sie sprach Eeses), dei'm drekkigen, aber *nix* is, sag i dir!«

»Mama, sei doch ruhig, was soll denn der Herr Dokter da denken, wo er bei uns 'neikommen is?«

»Was? Der kann's ruhig wissen, was los is! Schaun's, Herr Dokter, mei oanzigs Madel, schö is' – das sehn's selber – gscheit is', a Geld hat's aa – an jeden hätt's haben können, haufenweis san ihr die Mannsbilder ins Haus g'laufen – aber *was* bringt's mir daher? Ausgerechnet so ein' Eeses, so einen dreckigen, so eine vollblutnordische Schlafhauben, so eine vollblutnordische! Er is nix, er hat nix, er kann nix, drum is er bei dem Verbrecherverein gelandet, zu was Besserem hat's bei ihm net g'langt! Da schaun's her, wie er auf der Couch liegt und schnarcht, des is dem sein Polterabend, daß i net lach'. Un jetzt wegen dem seinere Eeses, seinere dreckigen, soll mei oanzig's Madel net amol kürchlich heiraten. Aber des gibts fei net, so lang i noch was z'sagen hab, so lang daß i 's Geld noch hab. Sag's ihm doch, daß'd kein Geld net kriegst, wenn d' net kürchlich heirat'st, dann wirst es schon seh'n, ob er dann noch scharf is auf di. Der is doch bloß scharf auf dei Geld! Aber Schluß jetzt mit dem Diskurieren, jetzt sag i euch wie's morgen alles geht. Ich hab mit dem hochwürdigen Herrn alles ganz genau geplant. Zuerst geht's aufs Standesamt mit euern beiden Trauzeugen. Der Standesbeamte fragt euch, ›folgt eine kürchliche Trauung?‹, dann sagt ihr ›Nein‹.«

»Aber Mama, das ist doch eine Lüge!«

»Ja, aber eine Notlüge, sagt der hochwürdige Herr, im Interesse einer *heiligen* Sache, da is des keine Sünde nicht! Anschließend fahrt ihr ins Ursulerinnenkloster. In der Kapelle von dem Kloster findet die Trauung statt. Der hochwürdige Herr hat für diesen heiligen Zweck extra die Klausur aufgehoben, so daß auch Männer über die Schwelle des Klosters treten dürfen. Ihr fahrt auch nicht vor den Haupteingang, sondern hintenrum in ein Seitengasserl. Da is eine winzig kleine Tür in die Mauer eing'lassen, da schlupft ihr schnell eini, und da steht eine ehrwürdige Schwester und nimmt euch in Empfang, ich bin derweil auch schon da. Du – zu dem mittlerweile erwachten Bräutigam – darfst morgen einmal deine feine schwarze Uniform daheimlassen, mit der wirst dich ja nicht in ein Nonnenkloster hineintrauen, das wäre ja eine Blasphemie, netwahr? Also, is jetzt alles klar?«

Als alles klar war, der ganze Schlachtplan besprochen, verabschiedete ich mich und fuhr zu Tante Berta, der ich alles brühwarm berichtete. Die war ganz empört: »So wird unser Führer hintergangen von diesen katholischen Heuchlern, da siehst es wieder mal! *Not*lüge, daß ick nich lache!«

Am nächsten Tag spielte sich das Ganze ab wie geplant. Aber auf dem ganzen Weg vom Standesamt zum Kloster heulte die Braut in ihr Taschentuch und schluchzte: »Mit einer Lüge hat's angefangen, wenn das bloß gut geht!«

Aber da explodierte der Bräutigam, die vollblutnordische Schlafhaube, auf einmal, und schrie sie an: »Halt's Maul! *Wer* ist denn schuld an dem ganzen Theater? Deine Alte mit ihrer lächerlichen kirchlichen Trauung! *Ich* hab sie doch nicht gewollt, oder?«

»So? Und darf ich vielleicht fragen, warum hast du denn dann nicht zu ihr gesagt: ›Ich scheiß auf deine Mitgift, behalt' sie doch selber!‹ und bist mit mir auf und davon? *Ich* wär schon mitgegangen. Aber *Du* hast ja nicht auf das Geld verzichten wollen!«

»Jetzt sag' bloß noch, ich hätte dich deines Geldes wegen geheiratet, das fehlt mir ja gerade noch!«

»Ja, so wird's wohl sein, ich kann mir's schon denken!«

Unter diesen Auspizien waren wir im Seitengasserl vor dem kleinen Türl des Klosters angekommen und schlüpften hinein, wie im Mittelalter die Verbrecher in die Klosterfreistatt schlüpften. Der Hausarzt war inzwischen mit seinem eigenen Wagen auch schon angekommen, und wie geplant, fand die kürchliche Trauung, die heilige Handlung, statt.

Zu Hause war eine festliche Tafel gedeckt mit feinstem Nymphenburger Porzellan, Tafelsilber, Kristallgläsern, alles dreivierfach, wie für ein Menu mit vielen Gängen.

»Das kann ja gut werden«, dachte ich, »wenigstens läßt sie

sich nicht lumpen, die Alte.« Als Student war ich natürlich immer scharf auf eine Schlemmerei, so wie das heute bei Studenten auch noch ist.

»Also, meine Herrschaften«, begrüßte uns die Alte, »mit dem Essen müssen Sie sich noch ein wenig gedulden! Es gibt nämlich etwas *ganz* etwas Besonderes! Sie werdn's net glauben, daß's bei mir so was Ordinäres wie Rotkraut, Rindsbraten und breite Nudeln gibt! Nein, nein, mei Lieber, so was gibt's fei bei *mir* net! Wenn mei oanzig's Madel heirat', da gibt's bei mir etwas ganz etwas Besonderes!«

Zwischen den Gästen – dem Hausarzt, dem hochwürdigen Herrn und ein paar alten Tanten, welche eingeweiht waren, dem Brautpaar und mir – kam nur schleppend eine Unterhaltung in Gang, es war eine eher bedrückende Atmosphäre. Draußen schrie die Alte mit schriller Stimme ins Telefon: »Hallo, Hallo! Ist dort der Flughafen Tempelhof? Fräulein, is das Flugzeug aus München noch nicht da? Was? Verspätung? Ja, sagn's amal, muß des ausgerechnet heut' sein? Bei mir sitzen nämlich die Hochzeitsgäste und warten auf's Essen! Was sagen Sie? Ja freilich, da können Sie doch nix dafür, des geb i zu. Aber gell, eins versprechen Sie mir, sobald des Flugzeug kommt, dann schaun's zu, daß's ein Motorradler kriegen, der wo mir das Packerl auf dem schnellsten Weg nach Onkel Tom's Hütte bringt!«

Endlich, der Magen hing uns schon lang und länger, der Hausarzt wollte heim in die Sprechstunde, wo seine Patienten warteten, knatterte draußen ein Motorrad, die Alte schrie: »Endlich!« und sah zur Tür herein. »Jetzt nur noch fünf Minuten, meine Herrschaften, glei is' so weit!«

Nach fünf Minuten ging die Tür auf, die alte Bayerin schwebte herein wie eine Hebe, mit hocherhobenen Händen eine große Platte über ihrem Haupt haltend: »*Jetzt* kommt die große Überraschung! *Echte* Münchner Weißwürste, sogar vom Metzger Speckmayr in München, mit dem Flugzeug herbracht, sie sind noch warm gwesen! Und *echte* Münchner Laugenbretzen, und ein' *echten* Münchner Kandelzuckersenf, und ein *echt*'s Münchner Bier, gell, da staunen's? Hab ich zuviel versprochen? Is das vielleicht nicht etwas ganz etwas Besonderes?«

Da wegen der vielen Bestecke und Gläser jeder dachte, das sei nur die Vorspeise, und die Hauptsache käme noch, langte keiner richtig zu trotz des Drängens der Alten. Der Hausarzt flüsterte mir zu: »Diese Weißwürste schmecken ja wie einjeschlafene Füße, oder?«

Alles gute Zureden der Alten half nichts, die Würste blieben in rauhen Mengen liegen, während jeder seine Wurst in betretenem Schweigen verzehrte und mit Bier hinunterspülte.

Bald machte sich das Brautpaar auf französisch davon, der Hausarzt mußte dringend zu seinen Patienten, der »hochwirdige Herr« hatte auch noch Pflichten, als er merkte, daß es nichts mehr gab, und die paar alten Damen empfahlen sich ebenfalls.

Auch ich wollte gehen, als ich merkte, daß ich der einzige Überlebende bei dieser komischen Weißwursthochzeit sein sollte. Aber da schluchzte die Alte: »O, Herr Dokter, lassn Sie mi doch net aa im Stich! I bin ja sooo unglicklich! Mei oanzig's Madel is furt mit ihrem Eeses, ihrem dreckigen, wer weiß, ob die zwoa jemals wiederkommen? Bleibn's doch noch a wengerl und trösten's mi! Wissen's was? Soll i Ihna was auf meinera Zither vorspieln?«

Da ich schon immer für Zither geschwärmt hatte, ließ ich mich herumkriegen. Mit umständlicher Zeremonie fing sie an, ihr Instrument zu stimmen, was bei den tausend Saiten einer Zither gar nicht so einfach ist. Mit jedem neuen klang-klong-kling-klung-klong-kling-klang klang sie falscher und falscher, bis ich sagte: »Lassen Sie es nur gut sein, sie stimmt schon, fangen Sie nur an!«

»Was möchten's denn gern hör'n?«

»Ach egal, irgendein Alpenlied oder einen Jodler.«

»Soll ich: ›Wo die Alpenrosen blüh'n‹?«

»Ach ja, bitte.«

Und nach einem gefühlvollen Vorspiel ging's los:

›Wo den Hi-mmel Berge krähänzen
Nehebel wah-len um die Kluft
wo im Gold die Firnen glähänzen
bei des Abendschimmers Duft,
wo im Gold die Firnen glähänzen
bahei des Abendschimmers Duft
Wo die Al-pénrosen blüh'n,
dahin, dahin möcht' ich zieh'n,
wo die Al-pénrosen blüh'n
dahin, dahin möcht' ich zieh'n' -klong!‹

Die letzten Töne des Liedes gingen schon in Schluchzen unter.
Das Heimweh hatte sie übermächtig gepackt, sie konnte
nicht mehr.
»Frau Amleitner, wer hindert Sie denn daran? Warum gehen
Sie denn nicht heim nach Bayern?«
»Herr Dokter!« fiel sie mir mit einem Schrei um den Hals,
»Sie haben's mir ei'geb'n! Hoam geh' i, hoam nach Bayern!
Dreißig Johr hab' i's ausg'halten bei dene Saupreißn in Berlin,
jetzt halt' mi nix mehr. Mei Mann is tot, mei oanzig's Madel
is furt mit ihrem Eeses, ja zu was soll denn i noch dableib'n in
dem Berlin? Aber i hab's glei g'wißt, wo Sie da bei der Tür
hereinkomma san, daß Sie mir a Glick bringa. Sie san mir glei
so simpathisch g'wes'n, wo i Sie g'seh'n hab'. I dank Ihna, i
dank Ihna vieltausendmal!«
Tante Berta lauerte zu Hause schon voller Neugier auf den
Bericht von der Hochzeit, die am Vorabend einen so unge-
wöhnlichen Auftakt gehabt hatte. Voller Empörung stemmte
sie die Hände in die Hüften und meinte: »Is ja die Höhe! Da
locken sie sonen unschuldjen jungen Menschen wie Dich von
Leipzig nach Berlin zu einer Hochzeit, und wat setzen sie ihm
vor? Weißwürste! Münchner Weißwürste! Hätte die Olle
mal ruhig Rotkraut, Rindsbraten und breite Nudeln gemacht, dann wäre ihre Hausfrauenehre jerettet jewesen –
aber Weißwürste! Na, ick sage ja immer – diese Bayern!«
Als ich bei meinem Bericht bis zu dem von ihr gesungenen

Alpenrosenlied gekommen war, ging draußen vor der Tür plötzlich ein jämmerliches Geschrei los: »Gnädje Frau, Gnädje Frau, ick kann nich mehr, helfen Sie mir, helfen Sie mir!« Grete, das Dienstmädchen, hatte hinter der Tür meinem Bericht zugehört und einen Lachkrampf gekriegt und von diesem eine Maulsperre. Jetzt kriegte sie den Mund nicht mehr zu, schrie um Hilfe, während Lachsalven sie schüttelten und die Tränen ihr übers Gesicht liefen. Es war eine groteske Situation, und Tante Berta sagte etwas ratlos: »Jotte doch, wat macht man denn da?«
Ich meinte, am besten sei es wohl, ihr eine saftige Ohrfeige herunterzuhauen. Aber da protestierte sie aufs heftigste: »Nee, Geertchen, ick laß mir doch mein Personal nich verhauen, da käme mir ja die Gewerkschaft auf den Hals! Nee, da mußt du dir schon wat anderet einfallen lassen.«
Wir fuhren also mit ihr zum Doktor. Grete war nur ein paar Minuten drin, während wir im Wagen warteten, und als sie herauskam, war alles in Ordnung, auch der Lachkrampf hatte aufgehört.
»Was hat er denn gemacht, Grete?« wollte Tante Berta wissen.
»Er hat mir eene jeklebt, gnädje Frau.«
Worauf dann Tante Berta den klassischen, bis heute nicht vergessenen Ausspruch tat: »Geertchen, ick sage immer, du bist der jeborene Arzt!«

Wiek

Zu den schönsten Erlebnissen meiner ganzen Studentenzeit gehört die Zeit in Wiek auf Rügen.
Unmittelbar an der Küste des Wieker »Boddens«, einer Ostseebucht, lag ein Kinderheim des Sächsischen Wohlfahrtverbandes, in dem den ganzen Sommer über in sechswöchigem Wechsel 1250 (Eintausendzweihundertfünfzig!) Kinder zur Erholung untergebracht waren. Neben einem Stab von etwa

80 Kindergärtnerinnen und Jugendleiterinnen, fast ebenso vielen Mitarbeitern in Küche, Verwaltung, Gärtnerei und Reparaturwerkstätten, war auch eine Krankenstation mit etwa 80 Betten, einem Arzt und fünf Krankenschwestern, alle aus der Leipziger Universitätskinderklinik entsandt und dieser angeschlossen. In dieser Krankenstation, Lazarett genannt, konnte man als Medizinstudent seine Pflichtfamulatur ableisten. Sechs Wochen an der See, baden, schwimmen, segeln, wandern, radeln, sich sonnen und jede Menge Spaß als junger Mann unter 80 Kindergärtnerinnen – wen wundert's, daß diese Famulatur die begehrteste an der ganzen Uni war? Aber da zu jeder Belegung von je sechs Wochen nur immer ein Student mitdurfte, war die Auswahl streng und es war ein großes Privileg, zu den Auserwählten zu gehören. Der Arzt von Wiek, der im Winter an der Uni-Klinik arbeitete, suchte sich seine Famuli selber aus. Da er ein »Jugendbewegter« war, nahm er grundsätzlich nur solche an, die ebenfalls aus der Jugendbewegung – Pfadfinder, Freischar, BK u. a. – kamen. Aber nicht genug mit dieser Auswahl, mußten die Bewerber zunächst im Jahr vor der geplanten Famulatur als Erzieher mit einer Gruppe von 25 vierzehnjährigen Jungen in einem Haus des Heims zusammen wohnen, essen, schlafen, Freizeit gestalten, sechs Wochen lang, Tag und Nacht, Sonntag wie Werktag mit nur einem »Freitag« pro Woche. Wer sich bei dieser nicht leichten Aufgabe bewährte, durfte im nächsten Jahr am Lazarett famulieren, wer sich als Niete herausstellte, war gestrichen.

Nachdem ich in die engere Auswahl gekommen war, mußte ich zunächst im Winter an einer sogenannten »Vorbelegung« teilnehmen, einer Art Schulungskurs auf einer Burg im sächsischen Erzgebirge. An diesem Schulungskurs nahmen auch alle für den kommenden Sommer verpflichteten Kindergärtnerinnen teil, die aus allen Teilen Deutschlands, von Bayern bis Friesland, kamen. Merkwürdigerweise waren dabei die Schwäbinnen am stärksten vertreten, so daß ich eine Menge Landsmänninnen vorfand. Schon bei dieser Vorbelegung hatten wir so viel Spaß, daß wir uns unbändig auf den Sommer in Wiek freuten und die Zeit kaum erwarten konnten.

War dann die Zeit gekommen, mußte man als Begleiter mit dem Kindersonderzug von Dresden und Leipzig, für einen Waggon verantwortlich, mitfahren. Die Fahrt dauerte eine ganze Nacht, und da die Kinder viel zu aufgeregt waren, um zu schlafen, war es keine Kleinigkeit, mit ihnen fertigzuwerden und aufzupassen, daß keins aus dem Zug fiel oder sonst einen Unfug anrichtete. Kamen wir morgens früh in Stralsund an, waren wir heilfroh, wenn nichts passiert war; dann gings aufs Schiff, das uns nach Wiek hinaufbringen sollte, und das ganze Gerammel mit eintausendzweihundertfünfzig Kindern ging von vorne los. Es war fast noch schwieriger, zu verhüten, daß eines ins Wasser fiel. Aber die Seereise war kurz, und mittags landeten alle frisch und munter im Wieker Bodden und schwärmten aus in die einzelnen Häuser mit je zwei Gruppen von 25 Kindern und ihrem Betreuer – damals in der Hitlerzeit »Führer« genannt. Im Erdgeschoß waren der Speisesaal, die Duschen und die Schrankräume untergebracht, im Obergeschoß der Schlafsaal – für alle fünfundzwanzig Buben, daneben ein kleines Zimmerchen für den Betreuer mit einem Guckfensterchen in den Schlafsaal. Was wir mit den Buben anstellten, wie wir die Freizeit gestalteten und den Tag einteilten, stand ganz in unserem Ermessen und Belieben, nur die Mahlzeiten mußten wir pünktlich einhalten, die Mittagsruhe von 13 bis 14 Uhr war obligatorisch, und um 21 Uhr war Zapfenstreich, da hatte absolute Grabesruhe zu herrschen. Alles war kein Problem für mich – bis auf die Mittagsruhe! Schlafen wollten die Kerle ums Verplatzen nicht, und sie ohne Schlafen stillzuhalten, war einfach ein Ding der Unmöglichkeit! Da half weder gut Zureden, noch Schelte, da halfen keine Strafen, mein pädagogisches Talent war da einfach an seiner Grenze angelangt. Die letzte Ausflucht der Kerle, wenn alles andere nicht half, war: »Ich muß aufs Clo!«. Und wenn einer damit anfing, dann mußten nacheinander alle fünfundzwanzig, und dann war die Stunde um.

Sagte man *vorher*: »Jetzt geht nochmal alle aufs Clo!«, dann hieß es: »Wir müssen nicht.« Sagte man *während* der Mittagsruhe: »Nein, ihr habt vorhin nicht gemußt, dann könnt ihr es auch eine Stunde aushalten«, dann wurde gedroht: »Dann mach ich ins Bett!« Blieb man trotzdem hart, dann brachten es doch einige tatsächlich fertig, ins Bett zu pinkeln, nur aus Trotz.

Die Empörung der Wirtschaftsleiterin über die versaute Matratze war groß, und so war es kein Wunder, daß uns das Problem »Mittagsruhe« fast um den Verstand brachte. Da man natürlich nicht prügeln durfte, ersannen wir uns andere Strafen. So zum Beispiel mußte jeder, der auf dem Clo war, nachher auf der Treppe stehen bleiben und man stülpte ihm eine Schlafdecke über den Kopf. Der Erfolg war, daß am Ende der Ruhestunde die ganze Treppe von oben bis unten mit »Mumien« besetzt war, wie wir sie nannten. Die Heimleiterin Hanka Moch, eine ganz stille, sanfte Person, die es fertigbrachte, ohne einen lauten Ton eine ganze Meute von tobenden Buben zum Stillsein zu bringen – einfach durch ein angeborenes pädagogisches Talent – ging mittags von Haus zu Haus, um zu kontrollieren, was sich abspielte. Fand sie ein Haus mit Mumien auf der Treppe, so war in ihren Augen der betreffende Führer oder die Führerin eine erzieherische Niete und sie sagte einem das ganz unverhohlen ins Gesicht. Ebenso streng sah sie auf sittliches Betragen, und wehe!, wenn sie abends ihren Rundgang machte und die beiden Kollegen eines Hauses, eine Kindergärtnerin und einen Studenten, auf *einem* Zimmer sitzend und plaudernd fand! Es gab später einige Ehen zwischen solchen Wieker Kollegen, aber ich habe nicht einen einzigen Fall erlebt, wo solch ein Hauselternsprich »Führerpaar«, *während* des Wieker Aufenthaltes Liebe gemacht hätte.

Obwohl das ganze Wieker Unternehmen von den Sozialdemokraten ins Leben gerufen worden war, hatten es die Nationalsozialisten natürlich sofort nach der Machtübernahme vereinnahmt, und es unterstand jetzt der NS-Volkswohlfahrt verwaltungsmäßig, dagegen erziehungsmäßig der Hitlerjugend. So bekam die Heimleiterin, die für den Nationalsozialismus überhaupt nichts übrig hatte, den Rang einer BDM-Gauführerin und mußte bei allen feierlichen Anlässen in Uniform mit den entsprechenden Rangabzeichen auftreten. Mindestens einmal während jeder Belegung kam irgendein hohes Tier von der Hitlerjugend und inspizierte. Da gab es dann eine feierliche Flaggenhissung, es wurden das Deutschlandlied und das Horst-Wessel-Lied gesungen, das hohe Tier hielt eine feurige Ansprache und erzählte den verblüfften Kindern, daß es einzig und allein das Werk des Führers Adolf Hitler sei, daß sie hier ganz umsonst in diesem herrlichen Heim an der herrlichen Ostsee sein dürften etc. etc., blablabla.

Hinterher konnte man in den Briefen der Kinder an ihre Eltern – die grundsätzlich zensiert wurden – die spaßigsten Schilderungen lesen, wie:

>Liebe Eltern! Gestern war die Reichsjugendführerin (so was gab's überhaupt nicht!) da und besichtete das Heim. Sie sprach baar bassende Worte zu wo die Fahne emborgezochen worde. Unsere Heimführerin ist dabei gefördert worden und ist jetzt Gauführerin, da waren wir alle ganz stolz!<

War kein hohes Nazi-Tier um den Weg, dann kümmerte uns das alles herzlich wenig und wir hatten unseren Spaß.

Beliebt waren alle Arten von Wettbewerben zwischen den einzelnen Häusern. Sportwettbewerbe, Singwettbewerbe, Sketchwettbewerbe, Spielwettbewerbe. Im Sport war ich nie eine große Kanone – ich wundere mich heute noch, wie ich das goldene Sportabzeichen geschafft habe – dafür um so mehr im Singen und Theaterspielen. Daß ich Gitarre spielen konnte, kam mir dabei sehr zustatten. Und dann natürlich der Clou: Ich konnte jodeln! Damit machte ich sie alle schier verrückt, denn auf Schallplatten oder im Radio hatten natürlich alle schon Jodler gehört, aber noch nie im Leben einen lebendigen Jodler leibhaftig gesehen und gehört. Sachsen sind vor allen anderen Menschen ganz verrückt darauf. So hieß es gewöhnlich, wo ich ging und stand: »Ach Gert, schodle doch ma, das heert sich mier so scheen!« Da ich aber nicht pausenlos den ganzen Tag schodeln konnte, machte ich jeweils nur »holoidi!« und sparte mir die echten Jodler für besondere Gelegenheiten auf, z. B. die Singwettbewerbe. Aus unserem reichen Schatz von Fahrtenliedern aus der früheren Jugendbewegung konnten wir mit den Buben ein gutes Programm einüben, und zusammen mit den lustigen Sketchen machten wir meistens den ersten Preis.

Abends, wenn die Kinder schliefen, mußte einer der beiden Führer eines Hauses daheim bleiben, der andere hatte frei. Dann saßen wir draußen am Ende des Landungssteges überm Wasser, sangen und erzählten und wälzten unsere Probleme, die ja damals nicht gerade klein waren. Dabei sind Freundschaften fürs ganze Leben entstanden. Noch heute, nach über fünfzig Jahren, kommen ehemalige Wieker, die »driem«, also in der ehemaligen DDR, wohnen, zu uns im Sommer in Ferien herüber, ja eine davon, Maria Haase, wagte es, mit 85 Jahren noch für ganz herüberzukommen und hier bei uns in der Nähe in einem Altersheim zu bleiben, bis sie mit 91 Jahren starb! Die Wieker Atmosphäre prägte die Menschen, die dort arbeiteten, es kann aber auch sein, daß man nur Menschen aussuchte, die zusammenpaßten, das weiß ich nicht.

Sehr beliebt waren an unseren freien Tagen Bootsfahrten mit den einheimischen Fischern, die uns unentgeltlich mitnahmen nur mit der Bedingung, die Gitarre dabeizuhaben und zu singen. Unterhalten konnten wir uns nicht gut mit ihnen, da sie Plattdeutsch sprachen, das wir nicht verstanden. Ich habe es ja erst später bei den Mennoniten in Südamerika gelernt.

War nach sechs Wochen eine »Belegung« zu Ende und die Kinder, alle Tausendzweihundertfünfzig, waren aufs Schiff nach Stralsund verladen, dann kam die »Zwischenbelegung«, die eine Woche dauerte. Ein Heer von Handwerkern stürzte sich in die Arbeit, um all die Demolierungen der lieben

Kinderlein wieder gutzumachen; Wasserhähne, Clos, Tür-
schlösser, zerbrochene Stühle und Bänke, zerrissene Matratzen wurden repariert, Wände wurden neu geweißt, Badezim-
mer gestrichen, Bettdecken und verpinkelte Matratzen gerei-
nigt und sterilisiert, zerrissene Wäsche aussortiert und durch
heile ersetzt, Löcher in den Fußböden zuzementiert, Dächer
geflickt und was es sonst noch geben mag.
Damit hatten wir aber rein gar nichts zu tun, wir hatten frei,
eine ganze Woche frei, und konnten tun und lassen, was wir
wollten. Dann nahmen wir unsere Fahrräder, die wir mitgebracht hatten, und zogen in Gruppen zu vier oder fünf los,
immer mit solchen, mit denen wir uns während der Belegung
angefreundet hatten. Entweder radelten wir rund um die
Insel Rügen, oder wir fuhren mit dem Kinderschiff bis Stralsund mit und radelten die Ostseeküste entlang, nach Osten
oder nach Westen. Wir schliefen bei Bauern in Heuschobern,
d. h. wir schliefen, falls wir nicht die ganze Nacht durch
quatschten und erzählten und Witze machten. Ich erinnere
mich, daß einmal morgens, als wir aus dem Heu gekrochen
kamen, uns der Bauer mit Augenzwinkern fragte, ob wir unseren Spaß gehabt hätten. Ich wußte natürlich gleich, was er
damit meinte, aber die Mädels kamen nicht gleich darauf.
Erst, als nach einer Weile der Groschen bei ihnen gefallen
war, liefen sie alle vor Scham rot an, warteten nicht einmal
mehr das Frühstück ab, sondern packten ihre Räder und fuhren davon und sagten, ich solle allein weiter oder wieder zu-
rückfahren. Der Bauer hatte mich für den berühmten Hahn
im Korb gehalten – ein Mann und fünf Mädchen im Heu! –
aber ich unschuldiges Würstchen hatte überhaupt nicht an so
was gedacht.
Mein Freund Günter Hoffmann und ich wären zu gerne mit-
einander in Wiek gewesen, aber das ging ja nicht, weil nur
immer einer dort oben sein konnte. So war er mein Nachfolger für die nächste Belegung. Die Schwestern waren neugierig
und fragten mich über ihn aus, ob er auch so ein lustiges Haus
sei wie ich, der tausend Witze wußte. »Nein«, sagte ich, »aber

er versteht Spaß. Paßt mal auf. Wenn er kommt, stellt er sich vor: ›Mein Name ist Günter Hoffmann, Günter ohne H und Hoffmann mit zwei F, und ich bin aus Albernau im Erzgebirge.‹ Dann müßt Ihr ihn fragen: »Ach, aus Olbernhau? Das kenne ich!« Darauf kommt dann prompt die Antwort: ›Nein, können Sie nicht hören, nicht *Olbernhau*, sondern *Albernau!*‹«

Er kam, das Fragespiel ging los, wie vorausgesagt kamen die Antworten und die ganze Mannschaft brach in schallendes Gelächter aus. Günter merkte gleich, daß ich hinter dem Spaß steckte und lachte herzlich mit. Einschnappen tat er überhaupt nie.

Weil die Nachfrage nach der Wieker Famulatur so groß war, durfte grundsätzlich jeder nur einmal hin. Ich war die einzige Ausnahme, und das verdanke ich sicher nur dem »Schodeln« und meinen Witzen, nicht meinen medizinischen Qualitäten. Was diese Seite der Arbeit betrifft, so mußten wir alle Tausendzweihundertfünfzig Kinder einmal bei der Aufnahme, einmal nach drei Wochen und einmal am Ende der Belegung ganz durchuntersuchen. Da bekam man eine ganz schöne Routine. Bei den Sprechstunden fielen die üblichen Krankheiten an, Erkältungs- und Darmkrankheiten. Aber wehe! Wenn eine der Kinderkrankheiten in einem Haus ausbrach, Masern, Scharlach, Röteln, Windpocken, Mumps. Und wehe! Wenn dies gleich am Anfang der Belegung geschah! Dann wurden alle 50 Kinder dieses Hauses in die Quarantänestation verlegt und durften diese bis zum Ende der Belegung nicht mehr verlassen, die Ärmsten. Kein Schwimmen, keine Wanderungen, kein Bootfahren, keine Spiele, *sechs* Wochen lang eingesperrt an der herrlichen Ostsee! Da flossen die Tränen bächeweise und schluchzend hieß es tausendmal: »Ich will heim! Ich will heim, ich bleib nicht hier!« Aber da war kein Entrinnen. Uns Famuli und den Schwestern oblag es, die eingesperrten Kinder, von denen ja die wenigsten krank waren, zu unterhalten und bei guter Laune zu halten. Ein Zeichen, daß ich meine Sache gut gemacht hatte, war für mich, daß der Professor der Leipziger Kinderklinik, der immer mal wieder heraufkam, um seine Wieker »Station« zu inspizieren, mir sofort nach meinem Examen eine Assistentenstelle zusagte und auch mein Doktorvater bei meinen *beiden* Doktordissertationen wurde. Ja, beiden. Obwohl das nicht hierher gehört, will ich es kurz erklären.

Die erste Doktorarbeit hieß: »Kinderernährung durch Großküchen«. Sie wurde ein stattlicher Band und enthielt Speisepläne für 365 Tage im Jahr mit allen dazugehörigen Kalorienberechnungen, ausgewogener Zusammensetzung von Eiweiß, Fett, Kohlehydraten und Vitaminen, Kostenberechnungen, Transportmöglichkeiten von der Großküche zu den einzelnen Städtischen Horten und Heimen usw. Ein Haufen Arbeit, aber ganz umsonst bzw. vergeblich gemacht. Der Krieg brach aus, bevor ich promovieren konnte, und als ich später versuchte, die Arbeit einzureichen, hieß es, man könne rein gar nichts damit anfangen, da ja alle Lebensmittel aufs Äußerste rationiert waren, so war meine Arbeit irrelevant geworden. Als ich dann eines Tages verwundet im Lazarett in Leipzig lag, dachte ich: Jetzt oder nie! Ich ging zu Professor Catel in die Kinderklinik und bat ihn um ein neues Thema. »Aber ich sag' es Ihnen gleich ehrlich, Herr Professor, ich habe keinerlei wissenschaftlichen Ehrgeiz, ich möchte nur so schnell wie möglich meinen Doktor machen, möglichst noch, so lange ich verwundet im Lazarett liege. Ich hab es satt, mich immerzu anpflaumen zu lassen, ich sei ja gar kein richtiger Arzt, da ich keinen Doktor vor dem Namen habe.«

Er hatte volles Verständnis, gab mir das Thema: »Der Einfluß der Tonsillektomie (Mandelentfernung) auf die Prognose rheumatischer Herzerkrankungen im Kindesalter«.

So machte ich mich an die Arbeit, das heißt genau gesagt, die Schwestern der Klinik machten sich für *mich* an die Arbeit, die meisten kannte ich ja. Sie suchten mir aus den Karteien alle Kinder heraus, die in den letzten zehn Jahren wegen Herzerkrankung in der Klinik gelegen hatten, sortierten alle die aus, die eine Mandeloperation bekommen hatten, schrieben die an mit der Aufforderung, zu einer Nachuntersuchung in die Klinik zu kommen. Wenn sie da waren, schleusten sie sie ins Labor und auf die Röntgenabteilung und zum EKG, sammelten alle Ergebnisse, und alles, was *ich* zu tun hatte, war ihren Allgemeinzustand zu untersuchen, die Ergebnisse zu tabellieren. Das konnte ich bequem in meinem Bett im Lazarett erledigen. So hoch angesehen waren die Frontsoldaten, besonders wenn sie verwundet und mit Orden und Ehrenzeichen geschmückt waren, daß einfach *alle* rannten, um ihnen behilflich zu sein. Und alles nur »für dankeschön!« Als meine zweite Arbeit fertig und gedruckt war, packte mich Entsetzen: Es waren ganze 15 (fünfzehn!) Seiten, so war mein reichhaltiges Material zusammengeschrumpft! »*Die* nimmt dir wieder niemand ab«, dachte ich. Aber der Professor meinte verwundert, warum ich mich aufregte, es käme doch nicht auf die Seitenzahl an, sondern auf das Ergebnis, und das sei zufriedenstellend. Ich reichte sie also ein, aber bevor ich zum Rigorosum vorgeladen wurde, war ich als geheilt aus dem Lazarett entlassen und kam wieder an die Front nach Rußland!

Nach wieder ein paar Jahren bekam ich als Belohnung für Tapferkeit außer einem Orden (EK I) noch einen Sonderurlaub zur Promotion. Was ich kaum für möglich gehalten hatte, geschah: Meine Doktorarbeit wurde mir noch abgenommen, ich promovierte und war endlich nach drei Jahren ein »richtiger Doktor«. Das war die Wieker Zeit, viele Freundschaften wurden geknüpft und haben schwere Zeiten überlebt.

Pfeffernüsse

Als Studenten bildeten wir immer sogenannte Vierergruppen, die gemeinsam aufs Examen büffelten und dann auch gemeinsam in die Prüfung gingen, denn wir wurden nicht, wie heute, mit dem »multiple choice« examiniert, sondern von unseren Professoren höchst persönlich ins »Verhör« genommen, abgesehen von den schriftlichen Arbeiten, die wir unter Klausur schreiben mußten. Ich kann mir kein Urteil erlauben, welche Art Examen schwieriger ist, da ich ja nur meine kenne. Aber der persönliche Kontakt vom Professor zum Studenten geht bei der heutigen Art ganz verloren, und das finde ich schade.

Wenn sich die Examensgruppen bildeten, dann versuchte man natürlich, drei andere zu finden, die in ihrem Wissensstand etwa dem eigenen entsprachen. Waren die anderen viel besser als man selbst, dann fiel man ab; waren sie dagegen schlechter, dann verhunzten sie den Eindruck auf den Professor, und das wollte natürlich keiner.

Beim gemeinsamen Büffeln wußte gewöhnlich einer der vier, was man selber nicht begriffen hatte und konnte es einem erklären. Es war also eine Gemeinschaft auf Gegenseitigkeit. Diese Lernmethode finde ich viel besser, als wenn jeder für sich allein lernt. In meiner Physikumsgruppe war einer, bei dem es ganz gewiß nicht an Intelligenz mangelte (er wurde später Professor!), der aber stinkfaul war und nichts, aber auch nichts wußte. Er hatte neben dem Studium her noch so viele private Interessen, daß ihm fürs Studium einfach nicht genug Zeit blieb. Wir ärgerten uns schrecklich über ihn, aber er war völlig sorglos und meinte auf unsere Vorhaltungen hin immer ganz nonchalant: »Ich weiß, daß ich nichts oder fast nichts weiß, aber das, was ich weiß, das bringe ich auch an den Mann, verlaßt euch drauf. Laßt mich nur machen! Ihr kennt doch alle die Geschichte von dem Studenten, der sich in Zoologie auf die Würmer spezialisiert hatte, und als er dann ausgerechnet etwas über den Elefanten erzählen sollte, hervorsprudelte: ›Der Elefant ist ein Vierfüßler und hat einen wurmartigen Fortsatz, den Rüssel. Die Würmer teilt man unter in Spulwürmer, Madenwürmer, Bandwürmer, Hakenwürmer, Regenwürmer…‹, also, und genau so gedenke ich es auch zu machen.« Und siehe da, seine Methode klappte! Mit einer staunenswerten Dreistigkeit lenkte er den Professor von dem gestellten Thema ab und brachte seine Kenntnisse »an den Mann«. So bestanden wir alle vier schlecht und recht unser Physikum. Unsere Kommilitonen von den anderen Fakultäten, weit entfernt, uns zu gratulieren, echoten den bekannten Spruch: »Und ist der Prüfling noch so dumm, besteht er doch das Physikum!« Heute, fünfzig oder sechzig Jahre danach, ist das genaue Gegenteil der Fall, das Physikum ist die große Klippe, an der es sich entscheidet, ob man überhaupt Medizin weiterstudieren kann oder nicht, denn in diesen sechzig Jahren ist in Physik, Chemie, Biologie mehr erforscht und entdeckt worden, als in der ganzen Menschheitsgeschichte vorher.

Doch ich will noch ein bißchen weitererzählen von unserem cleveren Mitexaminanden. Er war ein smarter, gut aussehender junger Mann mit tadellosen Umgangsformen und einem unglaublichen Selbstbewußtsein. Dieses rührte wohl daher, daß er von altem Adel war, und nicht nur das, sondern auch einige weltberühmte Wissenschaftler unter seinen Ahnen hatte, die jedermann bekannt waren. Was den Adel betrifft, so paßte hier der Spruch: »Alter Adel, leider verarmt«. Seine Mutter wohnte mit ihm in einem großen Mietshaus im vierten Stock, ohne Fahrstuhl versteht sich, in einer ärmlichen Dreizimmerwohnung. Da wir uns durch unsere gemeinsame Büffelei angefreundet hatten, lud er mich eines Tages zu sich ein. »Meine Mutter gibt einen Empfang«, sagte er, »es kommen lauter berühmte Leute, Sänger, Musiker, Maler, Bildhauer, Schriftsteller«, und er zählte einige Namen auf, die damals in aller Munde waren.

»Wie komme ich einfaches armes Würstchen dazu, zu solchen Berühmtheiten eingeladen zu werden?« dachte ich bei mir. Aber meine Neugier war geweckt und ich sagte zu. »Was zieht man denn da an?« fragte ich.

»Nun, die anderen kommen natürlich im Abendanzug, aber wenn du keinen hast, kannst du auch im einfachen schwarzen Anzug kommen«, meinte er. An einen Abendanzug hatte ich bis dahin noch nicht einmal im Traum gedacht, aber da wir damals zum Examen im schwarzen Anzug gehen mußten, hatte ich wenigstens den.

Als der Abend gekommen war, kletterte ich die vier Stiegen zu der Wohnung der adligen Dame hinauf, und nachdem ich mein Dankessprüchlein für die Einladung gesagt und mein Sträußchen abgegeben hatte, traute ich meinen Augen kaum, welch illustre Gesellschaft sich da eingefunden hatte. Es waren so viele Leute eingeladen, daß natürlich bei weitem nicht für alle Sitzgelegenheiten vorhanden waren. Nur die älteren Damen saßen, alle anderen standen, lässig irgendwo angelehnt, ihre Teetasse in der Hand, und machten geistreiche Konversation. »Gehen Sie doch bitte ins Nebenzimmer und lassen sich eine Tasse Tee aus dem Samovaaar«, sagte die Gastgeberin mit einer so vornehmen Betonung auf dem -var, daß es gleich viel kostbarer klang. Die Herren waren außer mir alle im Smoking gekommen, die Damen hatten lange Abendkleider an, viele von ihnen waren mit kostbarem Schmuck beladen. Den nicht zu großen Wohnraum füllte fast ganz ein Konzertflügel aus, auf dem eine marmorne Beethovenbüste stand. An den Wänden hingen Gemälde von Ahnen in ihren zeitgemäßen Kostümen, Wappen der Vorfahren schmückten den Raum, und man hätte meinen können, nicht in einer Dreizimmerwohnung im vierten Stock zu sein, sondern in einem Schloß im Ahnensaal.

Die anwesenden Sänger und Sängerinnen und Pianisten, Flötisten und Streicher gaben nun ihre Kunst zum besten, und selbst für einen relativen Banausen wie mich war es ein Genuß.

Nach dem Konzert gab es noch einmal Tee, dann rauschte die Dame des Hauses herein mit einer Schale voll Pfeffernüssen, wie man sie damals im Warenhaus für fünfzig Pfennig das Kilo kriegte, aber als sie sie anbieten wollte: »Bitte bedienen Sie sich...«, rutschten sie auf der glatten Platte herunter und kullerten im ganzen Zimmer herum, unter den Flügel, unters Sofa, unter Tisch und Stühle, unter den Bücherschrank. »Peinlich, peinlich«, dachte ich, »was macht die jetzt wohl, sicher hat sie sonst gar nichts vorbereitet.« Aber mit einer Grandezza sondergleichen sagte sie zu den Herren und Damen in Abendanzug und -kleid, die sich sofort gebückt hatten und auf die Suche gegangen waren: »Ach, machen wir's doch einfach so, jeder behält das, was er findet, ja?«

Der Anblick all der vornehmen Leute, die da auf dem Boden herumkrochen und Pfeffernüsse suchten, war für mich unbeschreiblich komisch. Aber eines hatte ich gelernt: Wie man mit den ärmsten Mitteln große Gesellschaften geben kann, wie es dabei überhaupt nicht auf die Esserei ankommt, und wie man sich ganz ungeniert aus einer solchen Panne zieht, ohne rot zu werden. Wirklich: »Alter Adel«.

In Ostpreußen »bei de Preißn«

Mein Freund Günter und ich, beide in Leipzig Werkstudenten, hatten beschlossen, vor Abschluß unseres Studiums uns noch ein Semester zu gönnen, in dem wir außer studieren gar nichts tun wollten. Und da damals von der Regierung sehr propagiert wurde, ein »Ostsemester« in Danzig, Königsberg oder Breslau zu absolvieren, wählten wir uns Danzig aus, das zwar keine richtige Universität hatte, aber eine medizinische Akademie, an der man ein klinisches Semester machen konnte.

Es war eine herrliche Zeit: Sommer, Sonne, Sandstrand, die laue und blaue Ostsee zum Baden; freundliche Leute, die uns »Reichsdeutsche«, wie sie uns nannten, nach Strich und Faden verwöhnten. Da wir im Vergleich zu unseren deutschen Unis nur eine Handvoll Studenten waren, kannten die Professoren jeden von uns bei Namen und wir waren wie eine Familie, lernten natürlich auch viel mehr als bei dem Massenandrang daheim.

Aber auch die schönste Zeit geht ja einmal zu Ende, und so hieß es Abschied nehmen von dieser alten, geschichtsträchtigen Stadt, Abschied von ihren liebenswürdigen Bewohnern,

Abschied auch vom Studienkameraden. Günter ging zurück in seine Heimat, ich dagegen mußte eine achtwöchige Militärübung ableisten, und ich hatte mich entschlossen, dies in Ostpreußen zu tun, da ich schon einmal im »Deutschen Osten« war.

Ich wurde als »Schütze Arsch«, wie man das nannte, dem Ortelsburger Jägerbataillon zugeteilt. Ortelsburg liegt in Masuren, im Süden Ostpreußens, dicht an der polnischen Grenze. Obwohl der Masurenstamm volkstumsmäßig rein polnisch war und einen polnischen Dialekt sprach, waren sie merkwürdigerweise fanatische Deutsche und haßten die Polen wie den Teufel. Die Namen meiner Stubenkameraden waren Cziczerski, Kujewski, Sawatzki, Redkowski und so fort. Von ihrer Unterhaltung konnte ich kein Wort verstehen und kam mir daher wie im Ausland vor. Dabei war ich doch im »Deutschen Osten«!

Von den Unteroffizieren wurde ich bald belehrt, daß in Ostpreußen die »besten Däitschen« lebten, und je weiter weg von Ostpreußen, um so »schlächtere Däitsche«. Da ich aus dem Schwarzwald war, also ganz weit weg von Ostpreußen, betrachteten sie mich als »ganz schlächten Däitschen«, ja als halben Franzosen.

Diese Unteroffiziere kamen mir wie lauter Strafversetzte vor, und in meiner Erinnerung waren sie alle Sadisten, die ihre boshafte Genugtuung darin fanden, uns Rekruten aufs grausamste zu schikanieren und zu demütigen. Einen wahren Haß hatten sie auf alle »Studenten und Abitorrenten«.

»Ihr denkt alle, ihr seid telljent! *In*-telljent seid ihr, verstanden?«

Oder: »Glauben Sie ja nicht, wen Sie vor sich haben! Wenn Sie vielleicht denken, Sie haben's mit einem Indioten zu tun, dann sind Sie bei mir aber an den Richtigen gekommen! Die Indioten seid *Ihr*!«

Auf alles mußte man gehorsamst »Jawoll, Herr Unteroffizier« brüllen und dabei die Hacken zusammenschlagen, daß es knallte.

Am schönsten war der Unterricht, von den Lehrern gehaßt, von uns mit Schmunzeln genossen.

»Also, ihr Rabauken, häite haben wir Unterricht. Was ist Unterricht?«

Schweigen.

»Also, ihr wißt es nicht? Nun, so will ich es äich sagen. Unterricht ist *Quatsch*! Denn was der Soldat braucht im Krieg, lernt er nicht im Unterricht, sondern per In-stinkt (Betonung auf In). Den In-stinkt lernt er aber bloß auf dem Kasernenhof! Darum: Aufmarschmarsch! Runter auf den Kasernenhof! Dreimal rund um den Kasernenhof, aber im Karacho! Hinlegen, aufmarschmarsch, hinlegen, aufmarschmarsch! Jawoll, Herrschaften, ich werd' äich einsausen, daß äich die Soße aus dem Arsch kocht wie einem alten Droschkengaul!«

Wieder droben im Unterrichtsraum, war bereits die Hälfte der Stunde um.

»So, nun paßt mal gut auf. Häite haben wir Unterricht über den Soldatenäid. Was ist der Äid? Der Äid is das Häiligste im Leben des Soldaten. Und weil ihr morgen frieh, bei der Veräidigung, den Scheißdreck nachsprechen mißt, drum will ich ihn äich vorlesen, denn auswendig kann ich ihn auch nicht, kann käiner nich von mir verlangen. So, du da vorne, nachsprechen, was ich eben gesagt habe.«

Ein masurischer Bauernjunge erhebt sich schwerfällig und sagt kein Wort.

»Was redste nich, Mannchen? Soll ich dir Bäine machen? Auf dem Kasernenhof? Aber ich glaube, du bist zu dumm zum Scheißen. Weißt du ieberhaupt, wer der Fiehrer des großdäitschen Reiches ist? Hä?«

»Schitze Dulisch zwo.«

»Waas? Hab ich recht gehört? Habt ihr's alle gehört? Schitze Dulisch zwo is der Fiehrer des großdäitschen Reiches? Du willst mich wohl verarschen? Oder was soll das häißen?«

»Herr Untr'off'zier, der Babba hat gesagt ›Jung, wenn de mang de Präißn (Preußen = Soldaten) kommst und sie zeigen auf dir, dann mußt du aufstehen und deinen Namen sagen.‹ Und ich heiße Dulisch zwo.«

»Ich werd verrickt! Sprichst du ieberhaupt däitsch?«

»Man wenig; bloß, was ich in der Schule gelernt hab', und das hab' ich fast alles verjässen.«

»Und mit so einem dummen Scheißhaufen soll unsereins Unterricht halten! Fort, fort, alle, aus mäinen Augen!«

Bei der nächsten Unterrichtsstunde fing's wieder mit »dräimal um den Kasernenhof, aber im Karacho, hinlegen, aufmarschmarsch« an, und dann kam das zweite Thema.

»Häite haben wir Unterricht über Vertäidigung. Was ist Vertäidigung? Vertäidigung ist Vertäidigung, und da legt der Kerl sich hin und steht nicht wieder auf, bevor daß er tot ist. Verstanden? Jetzt alle wiederholen, was ich gesagt habe!«

Diese lapidare Weisheit mußten wir nun einzeln wiederholen, bis einer der Masurenjungen stammelte:

»Vertäidigung ist Vertäidigung, da legt der Kerl sich *nich* hin und steht wieder auf, *bevor* daß er tot ist!«

Mit einem neuen Wutausbruch des Ausbilders ging's wieder auf den Kasernenhof, wo wir eingesaust wurden, bis die Stunde vollends um war.

In der dritten Stunde hatten wir »Hinhaltenden Widerstand«.

»Was ist hinhaltender Widerstand? Hinhaltender Widerstand ist genau das Entgegengesätzte von dem, was Vertäidigung ist, und darieber hab' ich mir voriges Mal schon eine Stunde lang die Lunge fußlig gequasselt, also gibt's da auch nichts weiter drieber zu sagen. Darum rrunter auf den Kasernenhof...«

Die vierte Stunde fand im Freien statt, denn wir sollten Zielansprache üben.

»Also, paßt mal auf ihr Kanacken! Wir krauchen jetzt den Hügel hinauf und üben Zielansprache. Immer angeben: Ziel – und Hilfsziel, Ziel und Hilfsziel. Ist das klar? Zum Beispiel: ›Vor mir ein Baum‹ – das ist das Ziel, ›daneben eine Egge‹ – das ist das Hilfsziel. Baum-Egge-Ziel-Hilfsziel.«

Das hatte sich gut eingeprägt. Aber als wir am nächsten Morgen wieder den Hügel hinaufrobbten, und er sein Sprüchlein aufsagen wollte, fiel das so aus:

»Vor mir ein Baum, das ist das Ziel. Daneben eine... gestern Egge, häite weg. Wir haben kein Hilfsziel, darum können wir nicht Zielansprache ieben! Mißn wir nach Hause geh'n und auf den Kasernenhof...«

So einfach unsere masurischen Kameraden waren, so herzensgut und sensibel waren sie doch. Wir Akademiker kamen prima mit ihnen aus und wurden Sonntag für Sonntag, wenn wir frei hatten, mit ihnen nach Hause genommen. Sie stellten es sich schrecklich vor, so weit von zu Hause fort zu sein und sich nicht einmal sonntags von den Schikanen des Kasernenhofs erholen zu können. Die Frauen oder Mütter unserer Kameraden holten das Letzte aus ihren Vorratskammern, und wir wurden gefüttert, bis wir fast platzten. Auf unsere Peiniger hatten die Kameraden einen solchen Haß, daß sie oft schworen: »Wenn ich hier rauskomm', dann bring' ich das Schwäin um!«

Wenn wir abends in unserer Stübe Gewehrreinigen hatten, baten die Kameraden einen mit Namen Domnik, einen Friseur: »Ach Domnik, komm' spiel' uns was auf deinem Bandonium vor!«

»Dann mißt ihr aber auch meine Knarre reinigen«, sagte der.

»Klar doch!«

Und er holte sein Bandonium aus dem Etui, breitete mit umständlicher Sorgfalt ein lila Samttuch über seine Knie, auf welchem mit goldnen Lettern gestickt war: »Gut Ton!«

»Na, Kam'raden, was soll ich denn spielen?« fragte er.

»Ein Mädchen, so weiß wie ein Engel«, war die regelmäßige Antwort, denn dies war offenbar aller Lieblingslied.

Da das Bandonium nicht chromatisch, sondern diatonisch war, ging ihm an einer bestimmten Stelle des Liedes immer die Luft aus, so daß Domnik an der Luftklappe drücken und mit einem Ruck das Instrument wieder auseinanderziehen mußte, um weiterspielen zu können. Das hörte sich dann so an:

hmda-da, hmda-da
»Ein Mädchen, so weiß wie ein Ee———ngel
saß weinend da unten am See, dada hmdada hmda
/:/ ihr Liebster, der hat sie verla———ssen,
drum tut ihr das Herze so weh, dadahmdada, hmda /:

hmdada, hmdada
»Ein Kindchen mit graublauen Au———gen,
das drückt sie ganz fest an die Brust, dadahmdada hmda
:/: wir beide, wir sterben zusa———mmen,
du Kleiner, du Süßer, du mußt! Dadahmdada, hmda :/:

dadahmdada
Dein Vater lebt herrlich in Freu———den,
denkt nicht an sein a-armes Kind, dadahmdada hmda
:/: er denkt ja nicht a-an uns bei———de,
die wir so unglücklich sind :/: dadahmdada, hmda

dadahmdada
Als sie bis zu'n Knien im Wa———sser,
da lächelt das Kindchen sie an. dadahmdada, hmda
:/: O Himmel, vergib mir die Sün———de
was hätt' ich beinahe getan? :/: dadahmdada, hmda

dadahmdada
Wir beide wir leben zusa———mmen
mein süßes, mein herziges Kind, dadahmdada,hmda
:/:der liebe Gott wird uns versor———gen,
wenn wir auch unglücklich sind :/: dadahmdada, hmda

dadahmdada
Da hat sie geweint eine Trä———ne,
die Träne war schöner als Gold. dadahmdada, hmda

:/: Die Träne war schöner als Per–––len,
das hat ja die Liebe gewollt :/: dadahmdada, hmdada.

Es ging also alles gut aus, aber unsere sentimentalen Masuren plärrten vor Rührung Rotz und Wasser.
Acht Wochen können unter Umständen zu einer Ewigkeit werden, aber schließlich gingen auch sie vorbei. Wenn ich sie mit den Monaten in Danzig vergleiche, kommt es mir so recht zum Bewußtsein, wie dicht im Leben »Hochs« und »Tiefs« aufeinander folgen können.

Comment (Sprich Kommang)

Comment ist ein französisches Wort und heißt »wie«. In studentischen Verbindungen und im Offizierskorps bedeutet es »wie man sich richtig benimmt«.
Ich war in keiner studentischen Verbindung. Erstens, weil ich aus der Jugendbewegung kam und weder rauchte, noch Alkohol trank; zweitens, weil meine Studienzeit ins »Dritte Reich« fiel – 1934–1939 – und Adolf Hitler die studentischen Verbindungen aufgelöst hatte; sie waren ihm zu klassenbewußt. So kam es, daß ich nie einen Comment gelernt hatte, also nicht wußte, »wie man sich benimmt«. Unmittelbar nach Beendigung meines Studiums wurde ich am 26. 8. 39 eingezogen und rückte am 1. 9. 39 als »Gemeiner« mit der Infanterie ins Feld. Wir marschierten nach Polen. Kriegshandlungen gab es für meine Truppe keine mehr, wir marschierten, marschierten, marschierten nur. Ich hatte vier Monate vorher schon keinerlei Sport mehr getrieben, da ich für mein Staatsexamen büffeln mußte, und nun mußte ich in neuen, nicht eingelaufenen Knobelbechern 1000 (Tausend!) Kilometer marschieren samt Tornister und Knarre. Die Blasen an meinen Füßen und die Muskelentzündungen an meinen beiden Unterschenkeln sind eine meiner grausigsten Kriegserinnerungen.

Nachdem Polen besetzt war, wurden wir ins Rheinland transportiert, und ich kam in Krefeld zu reizenden Leuten ins Quartier, die mich nach Strich und Faden verwöhnten. Plötzlich erhielt ich am 30.9.39 aus Leipzig meine Approbation als Arzt, womit ich schon gar nicht mehr gerechnet hatte. Daraufhin wurde ich in eine Sanitätskompanie versetzt.

Da wir im Rheinland vor dem Frankreichfeldzug sowieso mit Nichtstun »beschäftigt« waren, versuchte ich, meine schon fertig daliegende Doktorarbeit einzureichen und mich zum Examen zu melden. Meine erbüffelten Kenntnisse waren ja noch relativ frisch. Aber mein Vorhaben scheiterte daran, daß meine Doktorarbeit über Kinderernährung durch Großküchen jetzt im Kriege völlig unwichtig und uninteressant war und niemand sie mir abnahm. Ich hatte sie also nicht nur vergeblich gemacht, sondern mußte als notbestallter Arzt ohne Doktortitel herumlaufen.

Schon damals, wie später fast mein ganzes Leben lang, wurde ich für mindestens zehn Jahre jünger gehalten, als ich war. So hieß es denn überall, wo ich mich meldete? »Was? *Sie* wollen Arzt sein? Ja, haben Sie denn überhaupt schon Abitur gemacht? Ts, ts, ts, kaum geboren und schon Arzt – ja, ja, diese Kriegsbestallungen, und so einem Grünschnabel soll man sich nun als Patient anvertrauen!« Auf meinen Einwand, daß ich mein Medizinstudium völlig normal absolviert und abgeschlossen hätte und nur wegen meiner Einberufung mein Examen nicht habe ablegen können und deshalb keinen Doktortitel habe, bekam ich jedesmal zur Antwort: »Na ja, kein Doktor, also doch noch nicht ganz fertig, ich sag's ja. Sie sind genau genommen ein Doktor, der keiner ist.«

Nun, da ich Arzt war, wurde ich gleich um ein paar Stufen hinaufbefördert. Vom Gefreiten sprang ich gleich zum Unterarzt hinauf, das waren drei Stufen. Als Gefreiter durfte ich meine in Polen verschlissene und verdreckte Uniform gegen eine neue eintauschen. Als ich dem Kammerfeldwebel gestand, daß ich Läuse hätte und zuerst einmal in eine Entlausungsanstalt möchte, bevor ich in meine neue Uniform schlüpfe, schrie der mich an: »Sie Schwein! Läuse? Als Medizinstudent? Ja, schämen Sie sich denn gar nicht? Entlausungsstation? Wo gibt's denn so was?« Alles herumfragen half nichts, es gab in ganz Krefeld keine, damals waren verlauste Landser noch eine Seltenheit, nicht wie später im Rußlandfeldzug.

Nach langem Beratschlagen wurde mir eine neue Uniform – unverpaßt – ausgehändigt. Ich sollte in meinem Quartier die alte ausziehen, einwickeln und irgendwo verbrennen (!), mich dann baden und die neue anziehen. Als ich in der neuen wiederkam, brüllte die ganze Mannschaft vor Lachen, weil sie so groß war, daß ich wie ein Clown aussah. Meine schüchterne Bitte, sie gegen eine passende austauschen zu dürfen, wurde vom Kammerfeldwebel barsch abgetan: »Was? Ansprüche hat der Lauser auch noch? *Die* Uniform paßt! Wegtreten!«

Zwei Tage später, als ich Unterarzt geworden war und im Range einen Grad über dem Feldwebel stand, ging ich noch einmal auf die Kammer und trug mein Anliegen vor. »Jawohl, Herr Unterarzt, selbstverständlich, Herr Unterarzt«, hieß es da auf einmal, und ich kriegte eine tadellos passende, nagelneue Uniform.

Der Unterarzt entsprach im Range einem Fähnrich. Er war noch kein richtiger Offizier, aber auch kein Unteroffizier mehr. So ein Zwitter, nicht Fisch, nicht Fleisch. Allerdings mußte ich von nun an an allen Offiziersbesprechungen teilnehmen, mit den Offizieren essen und auch die sogenannten »Herrenabende« besuchen. »Die Herren *und* die Unterärzte versammeln sich heute Abend in dem und dem Lokal zum Umtrunk«, hieß es. An diesen Herrenabenden wurde unsereinem dann der Schliff, das offiziersmäßige Benehmen, eben der »Comment« beigebracht. Dafür sorgte ein Oberleutnant, genannt Fähnrichsvater.

Mir, der nie Korpsstudent gewesen war, noch nie im Leben Alkohol in irgendeiner Form getrunken hatte, der aus der Jugendbewegung mit Klampfen, Fahrtenliedern und Zelten hervorgegangen war, mir kam es vor, als ob ich in eine Clique von Verrückten geraten sei. Gleich beim ersten Herrenabend prostete mir der Kommandeur zu: »Prost, Dollinger!« wobei er natürlich sitzen blieb und jovial sein Glas gegen mich erhob. Mit freundlichem Lächeln tat ich das Gleiche: »Prost, Herr Oberst!« Hierauf entstand ein eisiges Schweigen in der Runde. Dem Oberst blieb die Luft im Halse stecken. Der Fähnrichsvater beschied mich mit einem Augenzwinkern hinaus auf die Toilette. »Sagen Sie mal, sind Sie wahnsinnig? Wie können Sie es wagen, ›Prost Herr Oberst‹ zu sagen und dabei auch noch sitzen zu bleiben?«

»Was hätte ich denn sonst tun sollen?«

»Ja, haben Sie denn als Student niemals den ›Comment‹ gelernt?«

»Nein, was ist denn das?«

»Also, jetzt passen Sie mal gut auf. Wenn Ihnen von irgendeinem ranghöheren Offizier zugeprostet wird, dann müssen Sie aufspritzen, Ihr Glas an den zweitobersten Uniformknopf halten, den Ellbogen rechtwinklig abgespreizt, und sagen: ›Danke gehorsamst, Herr Oberst.‹ Wenn er anfängt zu trinken, aber ja nicht früher, dürfen Sie auch anfangen. Dabei müssen Sie mit einem Auge zu ihm hinschielen, bis er das Glas absetzt. Erst dann dürfen Sie es auch absetzen und wieder Platz nehmen. Danach schauen Sie auf die Uhr. Wenn zehn Minuten um sind, aber ja nicht früher, stehen Sie auf, warten eine Gesprächspause ab, halten Ihr Glas wie vorher und sagen: ›Darf ich Herrn Oberst gehorsamst um die Erlaubnis bitten, nachkommen zu dürfen?‹, und dann wird's wieder gemacht wie vorhin.«

Wieder drin am Tisch, murmle ich zehn Minuten lang im Geiste mein Sprüchlein herunter: ›Darf ich Herrn Oberst gehorsamst um die Erlaubnis bitten…‹, wobei ich nicht sehe und höre, was um mich vorgeht.

Nach zehn Minuten springe ich auf, halte mein Glas vor den zweiten Knopf und schnarre: ›Darf ich Herrn Oberst gehorsamst… usw.‹ »Waaas?« schreit er wutentbrannt, »mit dem aaangetrunkenen Glaaase wagen Sie es?« Ich hatte versäumt, mein Glas vorher auszutrinken und mir ein neues zu bestellen! Mich haut's auf den Sitz, ich kriege rote Ohren, ich winke dem Ober und bestelle ein neues Glas. Wieder will ich mein Sprüchlein an den Mann bringen: ›Darf ich Herrn Oberst gehorsamst um die Erlaubnis bitten…‹

»Sie Idiot!« schreit er da noch lauter, »sehen Sie denn nicht, daß *ich* nichts mehr drin habe und daß wir alle nach Hause gehen wollen?«

Zu Hause, bei meinen netten Quartiersleuten, erzähle ich die Geschichte. Aber während die alles wahnsinnig komisch finden, meine ich resigniert: »Und mit so einem blöden Haufen wollen wir einen Krieg gewinnen?«

Den ›Comment‹ habe ich später nicht mehr gebraucht, da ich zur Gebirgstruppe kam, wo es viel legerer herging als bei den Preußen.

Minge Theo

Im Jahr 1939, als wir aus dem Polenfeldzug zurückgekehrt waren – ich fühlte mich als »Fußkranker der Völkerwanderung« –, wurden wir ins Rheinland verlegt und bei der Bevölkerung einquartiert.

Mir ist es unvergeßlich, wie liebevoll uns diese Menschen aufnahmen, selbst wenn sie im Wohnraum noch so beschränkt waren. Sie taten uns alles Liebe, was man sich nur denken konnte, und anstatt zu murren über die Unbequemlichkeit, die wir ihnen ins Haus brachten, verwöhnten sie uns nach Strich und Faden.

So auch meine Quartierwirtin Frau Klump, »Klümpken«, wie sie sich selber nannte, an die ich noch heute, nach mehr als fünfzig Jahren, mit Dankbarkeit zurückdenke.

Natürlich erheiterte mich als Süddeutschen die rheinische Mundart, und ich habe ihre Aussprüche bis heute nicht vergessen. Sie hatte einen Ehemann, der meistens auf Montage unterwegs war, und einen halbwüchsigen Sohn namens Theo, der im väterlichen Bett schlief, so daß ich sein Zimmer beziehen konnte. Wenn der Vater alle paar Wochen nach Hause kam, schlief Theo auf dem Sofa »inne jute Stuuf«.

Ich war damals schon zum Offizier befördert worden, Assistenzarzt, was dem Rang eines Leutnants entspricht, und Frau Klump war furchtbar stolz darauf, einen Offizier im Quartier zu haben. Ihre große Leidenschaft war das Kino, und sie ging jede Woche einmal in das ihrem Wohnsitz nächstgelegene Kino, nahm eine Karte auf dem billigsten Platz, und es war ihr völlig egal, was für ein Film gezeigt wurde. Für sie und ihren Theo, »Minge Theo« nannte sie ihn immer, war der Maßstab aller Dinge »wie inne Fillem«.

»Herr Doktor«, pflegte sie zu sagen, »wissense, wat minge Theo immer for mich sätt? ›Mutter, sätt dä, wie dat klingt: ›Doktor Dollinger‹, dat klingt echt wie inne Fillem‹«, und dabei sprach sie die drei O's betont und genüßlich aus. Theo war ein frecher Großstadtbengel und verkehrte mit seiner Mutter wie mit seinesgleichen. »Wat kiekste so blöd mit deine Schwiensoojen« konnte er sagen, und seine Mutter sagte entsetzt: »Aber Theo, wie sprichst du mit deine Mutter? Herr Doktor, saren Se mal selvs, spricht man so mit seine Mutter?« Ihr größter Stolz war ihre »jute Stuuf«. Alles Geld, jeden Pfennig, den sie von ihrem Wirtschaftsgeld ersparen konnte, wurde in Anschaffungen für die jute Stuuf gesteckt. »Jetzt bin ich bald komplett mit minge jute Stuuf, jetzt fehlt mich bloß noch ene Ööljemärlde, dann isset wie inne Fillem.«

»Muß es denn unbedingt ein Ölgemälde sein?« sagte ich, »es gibt doch auch andere schöne Bilder.«

»Nä, nä, echt Öl will ich et haben, wie inne Fillem, anders tu ich et nich, lieber wart ich so lang, bis ich et Jeld beisammen hab'.«

Eines Tages war es dann so weit. »Herr Doktor, kommense mal mit mich na de jute Stuuf«, sagte sie, »ich muß Ihne mal wat zeijen.«

»Au weh«, dachte ich, »jetzt ist sicher das Ölgemälde dran.«

Und richtig, an einer Wand, die mit einer rosengemusterten Tapete geziert war, hing ein Bild mit einem Rosenstrauß, der aber keineswegs mit den Tapetenrosen harmonierte.

»Na, wat sarense nu?«

»Warum haben Sie denn ausgerechnet ein Rosenbild genommen, wo doch die ganze Wand schon voller Rosen ist?«

»Och, dat is mich ejal, wat da drauf is, Hauptsache, et is en Ööljemärlde.«

»Nun ja, ein Gemälde ist es ja eigentlich nicht, es ist ein Öldruck.«

»Wat? Ene Druck? Da hat dä mich anjeschmiert? Zu mir hat dä jesagt, et sei echt Öl! 37,50 Mark hab ich dafür jejeben, un wenn dat nu doch kein Öl is, dann trag ich et jleich wieder zurück.«

»Nun, gelogen hat er nicht, es ist schon Öl, aber halt ein Öldruck, nur nicht handgemalt.«

»Och, ob dat nu handjemalt is oder jedruckt, is mich ejal, for mich is de Hauptsach', et is Öööl!«

Wenn der Familienvater, der »große Theo«, von einer Montage für ein paar Tage nach Hause kam, himmelte sie ihn an und verwöhnte ihn genau so wie mich, »Theo, wat soll ich dich kochen? Wat möchtste denn jerne essen?«

»Koch, wat de wills, Hauptsache, ich krieg bald wat in minge Magen rein, jeben tut et ja doch nix Jescheites auf de Lebensmittelmarken!«

»Sag bloß dat nich, de Oma in Odekirchen hat jeschlacht', schwarz natürlich, un die hat uns Blut- un Leberwürst' und en Stück Bauchspeck jeschickt, willste dat mit Sauerkraut und Kartoffelbrei?«

»Na, wenn dat so is, dann mal her damit.« Und so schmausten wir alle vier, die beiden Theos, ich und Klümpken, lustig drauflos.

»Herr Doktor, nehmen Se Zintronen innen Tee, Se wissen ja, Vintaminen A!«

»C, Frau Klump, C ist in Zitronen.«

»Ach so, bloß C, na denn entschuldjen Se, ich dacht mich immer A.«

Kurz, bevor wir in den Frankreichfeldzug zogen, offenbarte sie mir ihren größten geheimen Wunsch. »Herr Doktor«, sagte sie, »wissense, wat ich mich janz, janz arg wünsch?«

»Nein, ich weiß es nicht, aber wenn ich Ihnen Ihren Wunsch erfüllen kann, dann tu ichs gerne, sagen Sie's ruhig.«

»Ach, ich trau' mir aber nich, ich weiß ja nich, ob et nich zuviel verlangt is.«

»So sagen Sie's schon! Sie haben schon so viel für mich getan.«

»Also, ich möcht halt für mein Leben jern mal mitm Offizier nachm Kino jehn, würden Sie dat machen?«

»Klar, machen wir!«

»Isset auch wirklich nich zuviel verlangt?«

»Nein, nein.«

»Ich mach mich auch janz chic, dat Se sich nich geniern müssen mit mich. Ich hab mich 'n neuen Hut jekauft, jenau so ein', wie die Jreta Jarbo im letzten Fillem aufjehabt hat, so mitm janz jroßn Rand. Un neue Schuh' hab ich mich auch jekauft, sone mit janz hohen Absätzen.«

Als nun der Tag da war, hatte sie sich so herausgeputzt, daß sie nicht mehr wiederzuerkennen war. Trotz der Stöckelschuhe und dem aufgekrempelten großen Hutrand war sie noch immer das Klümpken und reichte mir gerade bis zur Schulter. Sie war so um fünfzehn Jahre älter als ich, und als wir auf der Straße gingen, sah ich den Gesichtern der Landser, die an uns vorbeigingen und mir ihre vorgeschriebene Ehrenbezeigung machten, an, daß sie dachten: »Nanu, was hat denn der für eine aufgegabelt?« Aber das machte mir nichts aus, ich freute mich, daß ich ihr auf diese Weise einen kleinen Dank abstatten konnte für all ihre Fürsorge. Kurz darauf gings wieder in den Krieg, und ich weiß nicht, was aus Klümpken geworden ist, ob sie den Krieg überlebt hat oder bei einem Bombenangriff ums Leben gekommen ist.

Die Division, in der ich als Bataillonsarzt eingesetzt diente, war in der Schlacht am Ladogasee vor Leningrad fast ganz aufgerieben worden und mußte, bis sie aus der Heimat mit neuen Soldaten aufgefüllt würde, einstweilen nach hinten in die Etappe in Ruhestellung gehen. Irgendwer erinnerte sich, daß ich einmal vertretungsweise Adjutant beim Armeearzt gewesen war. Da nun beim Divisionsarzt gerade ein erfahrener Mann für den Adjutantenposten gebraucht wurde, versetzte man mich dahin. Ich sollte mich dabei gleichzeitig von den Frontstrapazen erholen.

Mein erster Chef war eine versoffene Kreatur, der nur in der Fäkalien- und Sexualiensprache reden konnte. Ich fragte mich oft, wie ein so hoher Offizier, noch dazu mit akademischer Bildung, so tief absinken konnte. Aber er war ein lustiges Haus und ich kam prima mit ihm aus. Er ließ mich alles alleine machen, um so seinen Gelüsten – Saufen und Sex – besser frönen zu können. Immer konnte er Weiber auftreiben, die mit ihm ins Bett gingen. Da er aber durch den Suff immer weiter herunterkam, wurde er für seinen verantwortungsvollen Posten untauglich und auf einen anderen Platz geschickt, wo er keinen Schaden anrichten konnte.

Sein Nachfolger war das genaue Gegenteil: Hochmoralisch, sowohl sexuell wie alkoholisch enthaltsam, Nichtraucher, pingelig, überkorrekt. Alles wollte er selber machen, an allem hatte er etwas auszusetzen, er schikanierte seine Untergebenen bis zur Weißglut, kurzum, er war ein Ekel, wie es im Buche steht, und ich weiß nicht, wie oft ich ihm im Traum gerne den Hals umgedreht hätte. Es ist mir oft im Leben passiert, daß ich mit Chefs, deren Weltanschauung sich mit meiner deckte, überhaupt nicht auskam, während ich umgekehrt mit solchen, deren Lebenseinstellung der meinigen diametral entgegengesetzt war, prima auskam. Wieso, das habe ich mir nie erklären können.

Das Ekel wurde bald »hinaufbefördert« zum Generalarzt,

und so war ich von ihm befreit, bevor ich ihn doch noch umgebracht hätte. Bevor der Nächste kam, meldete ich mich beim Divisionsgeneral und bat um meine Versetzung zur kämpfenden Truppe – wieder als Truppenarzt –, da ich noch so einen Chef nicht ertragen zu können glaubte.

»Wart' es erst einmal ab, wie der Neue ist«, meinte der General.

Als der Nachfolger kam, meinte er in schönstem Bayrisch: »So, du bist also der Adjutant, der alle seine Chefs zur Strecke bringt! Von dir hört man ja schöne Sachen. Jetzt woll'n wir mal seh'n, wer wen fertig macht, i di oder du mi!«

Ich erklärte ihm, daß ich es darauf erst gar nicht ankommen lassen wolle, sondern bereits beim General um meine Versetzung eingekommen sei.

»Nix is', des könnt' dir so passen! Du glaubst doch net, daß i so blöd bin und mir einen eingearbeiteten Adjutanten entgehen laß, der mir alle Arbeit abnimmt?« Er war nämlich, was selten ist bei so hohen Chargen, kein Berufsoffizier, sondern im Zivilleben Augenarzt, und hatte von den Aufgaben, die seiner harrten, kaum eine Ahnung.

»Was is', kannst Skat spielen?«

»Nein.«

»Doppelkopf?«

»Nein.«

»Schafskopf, Sechsundsechzig, oder Bridge?«

»Nein, nichts von allem.«

»Ja, Kruzitürken, was kannst denn du überhaupt?«

»Saudumm rausschwätzen, aber das kann ich prima.«

»Komm', schlag ei, mir zwoa wer'n schon auskomma miteinand, des sieh' i jetzt scho!«

Er meinte dann, wenn er mich duze, sei das grad so, als wenn wir zwei Duzbrüder wären, aber als Vorgesetzten könne *ich ihn* ja nicht duzen, das sähe ich doch wohl ein, oder?

So begannen für mich zwei Jahre an der Seite des intelligentesten, größten Könners, aber auch des ausgewachsensten Spinners, den ich je im Leben kennengelernt habe.

Da es in Rußland jetzt an der Front ruhig geworden war – der deutsche Vormarsch war im Schlamm und dann im Schnee steckengeblieben – wurde unsere Division, jetzt neu aufgefüllt, nach Italien verlegt, wo vor Monte Cassino heftige Kämpfe tobten. Unsere Gebirgstruppe war eine Art Feuerwehr, die immer dahin geworfen wurde, wo es am heißesten herging.

Meinen neuen Chef und seine Marotten, die einfach jeder Beschreibung spotteten, sollte ich jetzt erst richtig kennenlernen. Er war Junggeselle, und wenn ihn jemand fragte, ob er verheiratet sei, kam jedesmal die Antwort: »I? Verheirat'? Ja, glaub'n denn Sie, daß i zwegn oam oanzigen Liter Milch glei' a ganze Kuah kaaf?«

Seine Vorliebe, wie auch meine, war Kaffeetrinken.

»Der Tag besteht aus drei Abschnitten«, pflegte er zu sagen, »*vor* dem Kaffeetrinken, *während* des Kaffeetrinkens und *nach* dem Kaffeetrinken. Alles, was man sonst noch macht, ist Nebensache.« Also mußte ich, wo immer wir uns aufhielten, gingen oder standen, eine Arzttasche bei mir tragen, deren Inhalt an Medikamenten, Instrumenten, Verbandmaterial und Spritzen ausgeräumt war, um einer türkischen Mokkamühle, einem Kaffeefilter, einem Benzinkocher und einem kleinen Röstpfännchen Platz zu machen. Auf unerklärliche Weise organisierte er immer und überall von irgendwoher grüne Kaffeebohnen. Vor jedem Kaffeekochen mußte ich eine abgemessene Menge grüner Bohnen frisch rösten, indem ich das Pfännchen über der Benzinflamme schüttelte, bis es rauchte. In der Mokkamühle pulverfein gemahlen und aufgebrüht, verbreitete sich der Duft in unsrer Unterkunft, so daß er genüßlich einatmete und ein »Aaah, is des a Wohltat!« seufzte. Da Kaffee im Kriege ja eine Rarität war, ärgerte er sich grün und blau, wenn, vom Duft angelockt, ein Besucher kam und er dem anstandshalber eine Tasse anbieten mußte. Er meinte, nur Kenner wie wir hätten ein Anrecht auf einen solchen Genuß. Aus diesem Grunde achtete er streng darauf, daß wir niemals mit andern Dienststellen zusammen in einem größeren Gebäude untergebracht wurden, sondern daß IV b, die Sanität, immer allein ein Haus bekam.

Des weiteren bestand er darauf, täglich legfrische Eier auf dem Frühstückstisch zu haben. Aus diesem Grunde mußte eine »Henna-Stiagn« – ein Hühnerkäfig – oben auf dem Dach des Krankentransportwagens mitgeführt werden. Die Quartiermacher mußten unser Quartier immer so wählen, daß ein Auslauf für seine Hennen dabei war. Er weigerte sich strikt, selbst den prunkvollsten Palazzo zu beziehen, wenn kein Garten als Hühnerauslauf dabei war. Körner wurden irgendwie beschafft, und die zehn Hühner hatten pflichtgemäß täglich zehn Eier zu legen, je eines für ihn, für mich, den Sankafahrer, die Ordonnanz und für die Schreibstubenhengste, d. h. Sanitätsunteroffiziere. Eines Tages meldete die Ordonnanz, es seien nur neun Eier gelegt worden. Er stürzte sofort ans Fenster und schrie in den Hof hinunter: »Alles herhören, alles herhören!«

Die Hühnerchen liefen herbei in der Meinung, gefüttert zu werden und streckten die Hälse nach oben. Unsere italienischen Hausbesitzer, ich glaube, es waren sogar Grafen, schauten verwundert dem Schauspiel einer dressierten Hühnerschar zu.

»Heute sind nur neun Eier gelegt worden anstatt zehn. Das ist eine *Schweinerei*! Wenn es noch ein einziges Mal vorkommt, werdet ihr alle mit dem Tode bestraft! Wegtreten!« Und sie traten weg, weil sie merkten, daß es kein Futter gab. Am nächsten Morgen kam die Ordonnanz mit elf Eiern – eines hatte er wohl am Vortag nicht gefunden gehabt – worauf der Chef meinte: »Sixt es, es hat g'holfen, mei Belehrung, die ham's mit der Angst kriegt!«

Seine zehn Hühner waren ihm bald nicht mehr genug, er mußte auch Gänse haben. Die wurden in einer anderen Stiege transportiert, ebenfalls auf dem Dach des Sankas, und von da an galt es, ein Quartier zu finden, das nicht nur einen Hühnerauslauf, sondern auch noch einen Bach oder Teich in der Nähe haben mußte, wo die lieben Gänslein sich tummeln konnten. Die Ordonnanz mußte sie alle Morgen mit einer Gerte hinuntertreiben, aber bald kam der gute Mann und sagte: »Herr Oberstarzt, alles tu i, aber d'Gäns' treib i nimmer abi an' Bach.«

»Warum net?«

»Weil's mi alle d'Gänseliesl hoaßn!«

»Ah, geh, wer wird denn so empfindlich sein? Treib' i's halt selber abi!«

Und das tat er dann auch zur größten Gaudi der zuschauenden Landser.

Noch eine Marotte von ihm war, daß er immer und überall zu spät kam. Nicht etwa aus Schlamperei, sondern mit voller Absicht. Ganz egal, um was für eine Veranstaltung es sich handelte oder ob bei einer Lagebesprechung höhere Dienstgrade als er, ja sogar der General anwesend waren, wir beiden kamen immer zu spät. Mir war das »scheißpeinlich«, wie der Landser sagt, und ich drängelte immer zum Fortgehen, aber er meinte: »Pünktlich sein kann jeder, aber das ist mir zu subaltern. Was meinst', wie mir das guttut, wenn sie alle da sitzen und warten, bis wir zwei kommen.« Und ohne jede Entschuldigung rauschte er, gefolgt von mir mit Mappe, ins Lokal und grüßte, freundlich lächelnd und mit der Hand winkend, nach allen Seiten. So wurde sein Erscheinen jedesmal zu einem großen Auftritt.

Das Kriegsende habe ich doch nicht, wie ich es mir gewünscht hätte, als sein Adjutant erlebt. Beim Gebirgsjägerregiment 100, Reichenhall—Berchtesgaden, wurde ein neuer Regimentsarzt gebraucht. Ich wurde hinaufbefördert und hatte jetzt plötzlich einhundertacht Untergebene, Ärzte und Sanitäter, wo ich vorher bloß Adjutant von mehr oder weniger spleenigen Chefs gewesen war. Organisation hatte ich ja auf meinem Adjutantenposten bestens gelernt, so daß es mir nicht schwerfiel, mich auf meinem neuen Posten zu behaupten. Bekannt war ich sowieso wie ein bunter Hund, daher brauchte ich mich nirgends vorzustellen oder einzuführen. Später, während meiner missionsärztlichen Tätigkeit in verschiedenen Erdteilen, ist mir das sehr zugute gekommen, das Organisieren. So hat dieser schreckliche Krieg doch wenigstens etwas Gutes für mich gehabt.

Schwartenmagen

Im Krieg hatten wir einmal ein Schwein geschlachtet. Zu einem meiner Sanis, der von Beruf Metzger war, sagte ich: »Ich hätte Gelüsten auf einen Schwartenmagen, kannst du mir nicht einen machen?«
»Nichts leichter als das«, sagte er.
Aber nach einer Weile kommt er und meint ganz kleinlaut: »Mit dem Schwartenmagen wird's leider nichts, Herr Stabsarzt, ich hab' aus Versehen den Magen zerschnitten.«
»Wenn's weiter nichts ist, den flicke ich zusammen.«
Nun hatten wir bei unserer Sanitätsabteilung einen treudoofen Krankenträger namens Meinl. Er hatte einen vorstehenden Unterkiefer, sprach das breiteste Niederösterreichisch und näselte obendrein. Auf jeden, aber auch jeden Witz, den die Landser sich mit ihm erlaubten, fiel er herein, war aber niemals beleidigt.
Eines Tages kam einer seiner Kameraden zu mir und sagte: »Herr Stabsarzt, wissen's aa, daß der Meinl a Ritter is'?«
»Was soll denn das heißen?« fragte ich verwundert.
»Ja, ganz gewiß, er sagt, er is a echter, richtiger Ritter, fragn's eahn selber.«
»Du, Meinl«, frage ich ihn, »die sagen, du bist a Ritter? Stimmt des wirklich?«
»Freili, Herr Stabsarzt, mein voller Name is: ›Franz Josef Meinl, Ritter von Ehrenburg‹, wenn's es net glaubn, do schaugns' in mei' Soldbuch eini.«
Und tatsächlich. Wie er gesagt hatte, stand da zu lesen: ›Franz Josef Meinl, Ritter von Ehrenburg.‹
»Ja, gibt's denn so was?« wundere ich mich. »Wie hängt denn das zusammen? Was bist denn du von Beruf?«

»Weichensteller bei der österreichischen Bundesbahn.«

»Und dein Vater?«

»Der is Bierkutscher, Herr Stabsarzt« (er sagte immer ›Stabs-oarzt‹).

»Dann habt ihr also kein Schloß oder ein Rittergut?«

»Doch, unser Stammgschloß steht no, in da Steiermark, oba 's ghört uns nimma. Mir san halt so, was ma verarmta Adel hoaßt, wissen's, und deswegn hoaßn mir uns a bloß Meinl. Bloß auf de amtlichen Papiern schreib'n mir uns no mit dem vollen Namen. Mei Voda sagt allweil: ›Ablegen dean mir unseren Adel net, schämen brauchn mir uns ja deswegn net. Und wer weiß? Vielleicht kimmt oana von unserer Famülli wieder amol noch obn, nachher is er vielleicht froh um sein adligen Namen.‹ Hat er do net recht, mei Voda?«

Doch zurück zum Schwartenmagen. Ich sage zu meinem Sanitätsunteroffizier, dem Metzger – er war ein Berchtesgadener – »Du, Bert, jetzt bringst du den Magen, dann richtest du hier in der Revierstube alles her wie zu einer Operation. Wir ziehen uns weiße Kittel an und setzen die Ope-Mützen auf, und dann sagst du, der Stabsarzt mache eine Magen-Operation, und alle, die Lust hätten, zuzuschauen, sollen kommen, um soundsoviel Uhr.«

Natürlich kamen alle, ohne Ausnahme, denn wir waren ja Truppensanitätspersonal und kein Feldlazarett, bei uns hatte es so etwas noch nie gegeben.

Der Magen lag also auf einer Glasplatte, Bert und ich in voller Ope-Montur, er assistierte, ich nähte, ganz lege artis (kunstgerecht). Alle hielten den Atem an, keiner sagte was. Bis plötzlich der treudoofe Franz Josef Meinl, Ritter von Ehrenburg, schüchtern fragte: »Ja, wo ist denn eigentlich der Patient?«

»Der liegt im Zimmer nebenan und schläft in aller Ruhe, so daß wir hier ganz ungestört und ohne Hast operieren können, und wenn wir fertig sind, setzen wir den Magen ein, und fertig ist der Lack. Das ist die neuste Operationsmethode«, sagte ich.

Dann, als wir fertig waren mit der Naht, sagte ich zu Bert: »So, jetzt ist er dicht, jetzt kannst deinen Schwartenmagen einfüllen.«

Da gab's ein großes Gelächter, aber alle meinten, der Meinl, der habe als Einziger seine Bedenken gehabt, er sei also gar nicht so doof, wie alle glaubten.

Meine kleine Ikone

Es war im Weltkrieg in Rußland. Die Einheit, bei der ich Bataillonsarzt war, lag, in Erdbunkern eingegraben, vor Leningrad, heute wieder St. Petersburg. Es muß am Stadtrand gewesen sein, denn dicht bei unserer Stellung lag ein umgestürzter, zerschossener Straßenbahnwagen. Obwohl von beiden Seiten, von der russischen wie der unseren, andauernd geschossen wurde und man stündlich den Tod vor Augen sah, war doch ein Teil der Bevölkerung geblieben. Meist waren es alte Menschen oder Mütter mit kleinen Kindern, die wohl nicht wußten, wohin sie hätten flüchten sollen. In die belagerte Stadt hinein konnten sie nicht, auch herrschte dort bereits Hungersnot. Im Umfeld von Leningrad war überall Kampfgebiet, sie wären dort vom Regen in die Traufe gekommen. Wo immer sie waren, überall wurde geschossen, überall wurde gehungert. Katzen oder Hunde sah man schon nirgends mehr, die wurden alle abgeschlachtet und gegessen, ja man erzählte sich, daß sie sogar Ratten und Mäuse äßen. Im Sommer pflanzte sich ein jeder etwas rund um sein Hüttchen, auch wir rings um unsere Bunker, immer in der Hoffnung, daß vor der Ernte keine Granate einschlagen möge. Wie überall im Kampfgebiet, waren auch hier keine Ärzte mehr da von der einheimischen Bevölkerung, sie waren entweder zum Heer eingezogen oder aber geflüchtet. So kamen auch hier, wie überall, die Kranken in ihrer Not zum deutschen Arzt, und wir gaben ihnen von unseren Arzneimittelbeständen etwas ab, manchmal auch ein wenig von unserer Essensration, obwohl die kärglich genug war infolge der Nachschubschwierigkeiten. Aber wenn man so ein ausgehungertes Kind oder eine alte Frau sah, die nur noch Haut und Knochen war, dann brachte man es einfach nicht über sich, sie so ziehen zu lassen.

Eines Tages kam auch eine alte Frau zu mir, der man auf den ersten Blick ansah, daß sie eine Dame war. Sie sprach mich auf deutsch an, und ich erfuhr, daß sie Studienrätin gewesen war und am Gymnasium Deutschunterricht erteilt hatte. Ihr Mann war gestorben, ihre Söhne im Krieg gefallen oder vermißt, ihre Töchter hatten sich weit ab von Leningrad verheiratet, auch von denen wußte sie nichts mehr. Sie war allein, mutterseelenallein. Sie konnte sich nichts zu essen organisieren, kein Holz zum Kochen oder Wärmen im Wald holen, sie war am Verhungern. In ihrer Verzweiflung hatte sie einfach Gras gerupft und gekocht. Nun hatte sie die Ruhr bekommen und war so schrecklich abgemagert, daß sie einem Skelett ähnlicher sah als einem lebenden Menschen. Sie lebte in einem Sommerhäuschen, einer »Datscha«, in dem sie mit ihrer Familie in guten Zeiten die Wochenenden oder Ferien verbracht hatte, wenn sie der Großstadt hatten entfliehen wollen. Die Datscha war auch schon von Granateinschlägen schwer beschädigt, die Fenster fast alle zerbrochen und durch Pappe ersetzt. Ich behandelte sie, und da es ja völlig sinnlos gewesen wäre, ihr nur Arznei zu geben und sie verhungern zu lassen, brachte ich ihr bei jedem Besuch etwas zu essen mit. Da sie so gut deutsch konnte, freundeten wir uns bald an.

Einmal fragte sie mich: »Haben Sie noch ein Mütterchen, Doktor?«

»Ja.«

»Nun, keiner weiß, wie dieser schreckliche Krieg enden wird und wer Sieger bleibt. Vielleicht kommen auch in Ihr Land fremde Soldaten, wer weiß. Ich will jetzt alle Tage, so lange ich noch lebe, zum lieben Gott beten, daß er Ihrem Mütterchen auch so einen guten Soldaten schickt, wie Sie es für mich waren. Gott segne Sie.« Und sie machte das Kreuzeszeichen über mir. Dann nahm sie von ihrem »Herrgottswinkel« eine kleine Ikone herunter und gab sie mir. »Die soll Sie beschützen, wo immer Sie auch hingehen im Leben.«

Da ich wußte, wie sehr die gläubigen Russen an ihrer Ikone hängen, wehrte ich ab. Es kam mir beinahe wie ein Sakrileg vor, sie mitzunehmen. Aber sie meinte: »Wer weiß, wie lange ich noch lebe, ich bin alt, und vielleicht holt mich schon morgen der Tod. Die kurze Zeit kann ich auch ohne Ikone beten. Sie würden mir einen großen Gefallen erweisen, wenn Sie sie nähmen.«

So nahm ich sie mit, schon um sie nicht zu kränken.

Es war keine der üblichen gemalten Ikonen, sondern ein sogenanntes Tetraptychon, also ein vierflügeliges Metall-Ikönchen, auf dem auf blauemailliertem Grund die ganze Geschichte Jesu in vielen kleinen Bildern dargestellt war. Wenn man sie zusammenklappte, war sie ganz klein, aber schwer. Ich habe nie nachgeforscht, ob sie die Nachbildung einer anderen berühmten Ikone war oder ein Originalkunstwerk, aber ich habe sie immer, mein ganzes Leben lang, mitgenommen, wo immer ich auch hinging. Nicht aus Aberglauben, damit sie mich beschütze, aber aus dankbarer Erinnerung. Wenn ich eine neue Unterkunft bezog, zunächst einmal im Krieg in Unterständen oder festen Häusern, nach Rußland in Italien, dann in der Gefangenschaft, später daheim an meinen verschiedenen Berufsausbildungsstätten, dann in Paraguay, wo ich als Buschdoktor arbeitete, in Arabien, wieder in Deutschland: Überall klappte ich, wenn ich ein neues Quartier bezog, meine kleine Ikone auseinander, stellte sie auf und sagte: »Dies ist jetzt dein Zuhause.« Und so habe ich mich nirgends auf der Welt fremd gefühlt. Es kam nach dem Krieg so, wie die alte russische Dame gesagt, besser prophezeit hatte. Fremde Soldaten besetzten unser Land. Ich kam in Gefangenschaft und hörte lange nichts von meinen Eltern, wußte nicht, ob sie lebten oder tot waren. Aber immer mußte ich an jene alte Frau denken, wie sie sagte: »Ich bete, so lange

ich lebe, zum lieben Gott, daß er Ihrem Mütterchen auch so einen guten Soldaten schicke, wie Sie es für mich waren.«
Und als ich nach Hause kam, war meinen Eltern von der Besatzungssoldateska kein Haar gekrümmt worden.

Die Polstermöbelgarnitur

Ich war noch als Oberarzt an einem süddeutschen Krankenhaus tätig, als eines Tages eine resolute Frau ihren Mann hinter sich her ins Sprechzimmer zog.
»Herr Doktor, mein Mann hat Gallenblas', den müssen Sie unbedingt operieren!« meinte sie.
»Nun, mal langsam, erst müssen wir ihn untersuchen, ob es auch wirklich nötig ist. Wir machen hier keine Operationen auf Bestellung.«
»Doch, wenn ich's Ihnen sag', er hat Gallenblas', er *muß*, muß operiert werden! Wir sind *Privat*patienten, Geld spielt keine Rolle.«
»Bei uns spielt zuerst die Diagnose eine Rolle; wenn es nicht nötig ist, operieren wir nicht, privat hin oder her.«
Ich fragte den Mann selber nach seinen Beschwerden, untersuchte ihn, und nachdem die Röntgenaufnahme ergeben hatte, daß er wirklich Steine in der Gallenblase hatte, nahmen wir ihn auf und bereiteten ihn zur Operation vor.
»Seh'n Sie, ich hab's doch gleich gesagt, daß er operiert werden muß«, sagte die Gattin triumphierend.
Die Operation ging gut vonstatten, der Patient kam ins Bett auf sein Zimmer – Intensivstationen gab es damals noch nicht – die treue Gattin saß an seiner Seite und hielt Händchen, bis er aufwachte. Als ich ins Zimmer kam, um nach ihm zu sehen, wachte er eben aus der Narkose auf. Er fing an zu stöhnen: »mmmmmh, oooh, aaaaau!« Jetzt war die Stunde der Frau gekommen:
»Ja, stöhne du nur! *Siehst* du jetzt, wie's tut? *Was* hast du immer gesagt, als *ich* meine Unterleibsoperation hatte? ›Hab'

75

dich nicht so‹ hast du gesagt! Jetzt hab du dich nicht so, hörst du? Ja, ja, Herr Doktor, die Männer sind alle Grobiane, keiner hat ein Herz und ein Mitgefühl, wenn die Frau etwas hat. Er soll jetzt ruhig sehen, wie's tut, das schadet ihm gar nichts!«

Und schadenfroh rieb sie sich die Hände.

Als dann alles gut abgelaufen war und der Patient nach Hause konnte, wurde ihnen die Rechnung präsentiert. Die Operation war vom Professor *persönlich* gemacht worden, da er ja ein *Privat*patient war, so fiel die Rechnung entsprechend aus. Da fielen die guten Leutchen aus allen Wolken: »Was? So viel? Aber das ist ja Wucher! Für das Geld müssen wir ja eine ganze Polstermöbelgarnitur machen!« Sie hatten ein Polstermöbelgeschäft. »Mich geht es ja nichts an«, sagte ich, »das Geld kriegt der Chef und nicht ich. Aber ist Ihnen Ihre Gesundheit nicht so viel wert wie eine Polstermöbelgarnitur?«

Ach Hedwig, süße Hedwig

In meiner Jugend gab es einen vielgesungenen Schlager:

> »Ach Hedwig, süße Hedwig, versuch's mit einem Kuß,
> und wenn De denkst, es geht nich, Hedwig,
> machste wieder Schluß.«

Nun gab's an dem Diakonissenkrankenhaus eine Diakonisse mit schneeweißen Haaren, und die hieß Hedwig. Wenn sie mir auf dem Korridor begegnete, konnte ich der Versuchung nicht widerstehen, diesen Schlager zu singen. »Sie frecher Lausejunge«, schimpfte sie, »haben Sie denn gar keinen Respekt vor meinem geistlichen Gewand, wenn schon nicht vor meinen weißen Haaren? Also frech sind die Assistenten heutzutage, so etwas hätte sich in meiner Jugend keiner erlaubt! Unterstehen Sie sich ja nicht noch einmal, sonst melde ich es der Oberin, dann wissen Sie schon was Ihnen passiert.«

Ich konnte es aber nicht lassen, die Versuchung war zu groß für mich. Schließlich meinte sie resigniert: »Sie können es anscheinend nicht lassen. Aber vor den Patienten ist mir dies doch zu peinlich. Wenn Sie mir begegnen und Sie sehen, daß Patienten um den Weg sind, dann pfeifen Sie es eben, anstatt zu singen. Wollen Sie mir wenigstens das versprechen?« So trafen wir ein Abkommen, und ich pfiff den Schlager, sobald ich sah, daß andere Schwestern oder Patienten um den Weg waren.

Meine Zeit an dem Krankenhaus war abgelaufen. Als ich Abschied nahm, entschuldigte ich mich bei ihr für meine Dreistigkeit. Sie lachte und meinte: »Ich kann schon ein bißchen Spaß vertragen, so kleinlich bin ich nicht. Also ich trage Ihnen ganz bestimmt nichts nach, da seien Sie nur ganz unbesorgt.«

Danach ging ich durch eine schwere Lebensschule, und als ich auf einem Tiefpunkt die Nähe Gottes erfahren hatte und zum Glauben an einen persönlichen Gott gekommen war, meldete ich mich in den Missionsdienst und landete in Paraguay an einem kleinen Buschkrankenhaus. Dort war alles mehr als primitiv, und meine Ausstattung mehr als spärlich. Zum Glück hatte ich alle chirurgischen Instrumente aus Deutschland mitgebracht, so daß ich zumindest in dieser Hinsicht nicht zu improvisieren brauchte. Ein anderes Kapitel war die Versorgung mit Medikamenten. Alle Arznei mußte in dem kleinen Land importiert werden und war sehr teuer, für die armen Siedler und noch mehr für die Indianer unerschwinglich. Ich schilderte diese Verhältnisse in einem kirchlichen Blatt der evangelisch-methodistischen Kirche, und die gute alte Schwester Hedwig las es. Sie machte sich sofort daran, alle Ärzte, die sie kannte, um Ärztemuster anzubetteln, und für das teure Porto bettelte sie bei den Patienten, von denen sie wußte, daß sie etwas für die Mission übrig hatten. Leider forderte der paraguayische Zoll so viel, daß es fast den Wert der Medizin ausmachte, und so waren wir zwar mit Medikamenten gut versorgt, aber konnten sie trotzdem nicht billig oder umsonst abgeben. Als ich daher einmal in der Hauptstadt zu tun hatte, ging ich persönlich zum obersten Zollbeamten und versuchte ihm klarzumachen, daß dies ja alles Spenden aus Deutschland für arme Bewohner seines Landes seien, und ob er da nicht einmal eine Ausnahme machen könne, denn wir verdienten ja gar nichts daran. Aber er blieb ungerührt: »Wenn wir etwas nach Deutschland schicken, einerlei für wen, müssen die Empfänger dort auch Zoll zahlen, oder?«

Als ich meiner »süßen Hedwig«, wie ich sie immer noch nannte, von unseren Schwierigkeiten schrieb, sammelte sie auch noch das Geld für den Zoll zusammen! Und mittlerweile war sie schon hochbetagt im Schwesternaltersheim.

»Liebe, süße Hedwig«, schrieb ich ihr, »womit habe ich das alles verdient? Ich habe Sie ja immer nur geärgert!«

»Ach«, schrieb sie zurück, »Sie glauben ja gar nicht, was das für mich bedeutet, daß aus dem Lausejungen von damals nun ein Missionar geworden ist! Ich bin so stolz auf Sie, daß mir das die Mühe wert ist!« So hat die Gute viele Jahre lang bis zu ihrem Tode feurige Kohlen auf mein »unwürdiges Haupt« gesammelt!

Unsern Babba

Auf der Frauenstation in meinem Frankfurter Krankenhaus lag in einem Saal mit zehn Betten eine Frau von etwa fünfundvierzig Jahren. Wir hatten sie wegen einer Gebärmutterverlagerung operiert.

An ihrem Bett saß an den Besuchstagen ein junger Mann von Mitte zwanzig, in kurzen Höschen, händchenhaltend. Ich wußte nicht, war es ihr Sohn oder was sonst.

Eines Abends bei der Visite erzählte sie mir vor all den anderen Patientinnen: »Ei wisse Se, Herr Doktor, eichentlich hätt' ich mich ja gar net operiere lasse, mir hat nämlich nix gefehlt und nix weh getan. Aber, was unsern Babba is', der will halt unbedingt noch Kinner. ›Ei Babba‹, hab' ich zu ihm gesagt, ›an mir kann's doch net lieche, ich hab' doch zwölf Kinner gehabt.‹«

»Was?« sage ich, »Sie haben zwölf Kinder gehabt, im Ernst?«

»Ei freilich, viermal Zwilling' un vier aanzelne, macht nach Adam Riese genau zwölf, gell.«

»Ja, wo sind denn die alle?«

»Also, was die vier Zwilling' sin', die sin' all' umgekomme: Zwei an Scharlach, zwei an Diphtherie, zwei aneme Verkehrsunglick, un zwei am Terror« (gemeint war der Bombenterror im Krieg).

»Und die vier einzelnen?«

»Ei, die sin mir gleich vom Mutterleib weggenomme worn von der Fiersorsch (Fürsorge). Mein erster Mann war nämlich en Säufer, wir warn asozial, müsse Se wisse. Ei, die hawwe's vielleicht gut getroffe, so gut hätte se's bei uns gar net krieche könne. Was mei' Ält'ste is, die is' auf eme Großbauernhof bei Iseburch, un' jetzt heirat' se der Sohn, der wo den Hof kriecht, die hat's fei hingekriecht. Dene Eltern isses ja net recht, könne Se sich denke, ihr aanziger Sohn un' Erbe, un heirat' e Fiersorschkind, des die uffgenomme hawwe. Kann mer ja eichentlich versteh'n, oder? Awwer er muß, versteh'n Se? Sonst kommt er ins Zuchthaus weche Verfiehrung einer minderjährigen Abhängigen, mei Tochter is nämlich erst fünfzehn, versteh'n Se jetzt! Ha, ha, haha!«

»Und Sie wollen jetzt noch einmal von vorne anfangen mit Kinderkriegen, in Ihrem Alter und bei diesen lausigen Zeiten?«

»Ja, wisse Se, des is' so: Was mei erster Mann war, der hat sich totgesoffe'. Dann hab' ich unsern Babba geheirat', un der will halt unbedingt noch e Kind hawwe. ›An mir kann's net lieche‹, sagt er, ›ich bin entstilerisiert, bei mir funkt's.‹«

»Was ist das? Entstilerisiert? Was soll denn das heißen?« frage ich.

»No, der Adolf Hitler hat doch die Schwachsinniche all' stilerisiere lasse, netwahr? Un da is unsern Babba aach stilerisiert worn. Unsern Babba un schwachsinnich! Daß ich net lach'! Da könne Se doch am beste seh', was fiern Idiot der Adolf Hitler war, netwahr? Sie kenne ja unsern Babba, sieht der vielleicht wie'n Schwachsinniger aus?«

»Ich kenne Ihren Babba nicht, wieso denn?«

»Ei freilich kenne Se den, der sitzt doch am Besuchstag immer an mei'm Bett und hält mer's Händche, den hawwe Se schon oft geseh'!«

»Ach so, der junge Mann in den kurzen Höschen ist Ihr Mann?« frage ich, und jetzt dämmert es bei mir. Jetzt war ich geneigt, an den Schwachsinn zu glauben, wo er diese Schreckschraube geheiratet hatte, die häßlich war wie die Nacht und mindestens fünfzehn bis zwanzig Jahre älter als er.

»Ja«, fuhr sie fort, »und wo dann der Krieg aus war und mit dene Nazi's war's vorbei, da hawwe sich die Stilerisierte all' in der Uniklinik entstilerisiere lasse könne. Da is' unsern Babba aach hingegange zum Professor Geißendörfer un hat sich entstilerisiere lasse. Nachher hat er's bei unserm Babba ausprobiert un hat gesagt: ›Bei Ihne funkt's.‹ Also hat unsern Babba gesagt: ›Es muß ewe doch an dir lieche, geh' un laß dich unnersuche!‹ No, da hab ich mich halt unnersuche lasse, un da hawwe se bei mir e Gebärmutterknickung festgestellt. ›Siehste‹, hat unsern Babba gesagt, ›daß es an dir liegt un net an mir?‹ Und da hab ich mich halt operiere lasse, denn was unsern Babba is', der möcht' halt zu gern noch e Kind. Mir soll's recht sei.«

Das Spanferkel

Etwa hundertfünfzig Kilometer von unserer Kolonie in Paraguay entfernt war eine katholische Missionsstation, die von deutschen Patres und Fratres geleitet wurde, welche dem Oblaten-Orden angehörten. Da wir für sie die nächstgelegene Möglichkeit zu ärztlicher Versorgung und das nächste Krankenhaus waren, kamen sie oft zu uns, wenn einer ihrer Indios oder sie selber krank wurden. So entwickelte sich bald eine herzliche Freundschaft zwischen uns. Die Patres und Fratres, die ja im Zölibat lebten und sich selber versorgen mußten (abgesehen von der Putzarbeit und Wäschebesorgung, die von einer angelernten Indianerfrau verrichtet wurde) fühlten sich, wenn sie bei uns am Tisch saßen und deutsche Kost aßen, »wie im Deutschlandurlaub«. Es waren alles rauhe Gesellen, und keiner, der sie sah, wäre auf die Idee gekommen, daß dies Klosterbrüder seien. Das Leben in der Wildnis und unter wilden Völkerstämmen prägt die Menschen, einerlei, welchen Beruf sie ausüben oder welcher Religion sie angehören. Alles, was sie brauchten oder haben wollten, mußten sie sich selber schaffen. Wollten sie nicht in einer Indianertolde hausen, sondern in einem gemauerten Haus, dann mußten sie die Ziegel aus Lehm streichen, an der Sonne trocknen, im Ofen brennen, das Haus selber mauern, verputzen, die Böden mit selbstgemachten Fliesen legen, die Möbeleinrichtung selber schreinern. Daß viele der Laienbrüder zu Hause gelernte Handwerker waren, erleichterte die Sache natürlich beträchtlich. Wollten sie gerne Gemüse essen, so mußten sie es sich selber pflanzen, hatten sie Gelüsten auf Fleisch, dann mußten sie entweder auf die Jagd gehen, oder aber sich ihr Vieh selber halten. So glich eine solche Missionsstation einem Bauernhof, auf dem Milchkühe, Schweine, Hühner, Schafe und Ziegen herumrannten, alle von ihnen selber gezogen. Gewöhnlich war auch einer unter ihnen, der, wenn nicht Metzger von Beruf, doch schlachten und Wurst machen konnte.

War bei uns im Krankenhaus ein Schwein schlachtreif, dann kam einer von ihnen herüber, um uns deutsche Wurst zu machen, die bei unserer mennonitischen Bevölkerung nicht bekannt war. Hatten wir ein oder zwei Ferkel zur Aufzucht nötig, dann fuhren wir hinüber zu ihnen und holten sie uns ab.

Es waren durchwegs lustige Brüder, und da sie fast alle aus dem Rheinland kamen und keine Hemmungen hatten, ihren Köllschen Dialekt unverfälscht zu sprechen, glaubten wir uns immer in den Kölner Karneval versetzt, wenn sie kamen. Einer von ihnen hatte eine ganz besondere Art zu lachen: Erst stieß er beim Lachen dreimal die Luft aus, dann zog er sie dreimal ein, und so wußte man schon wer da war, ohne ihn zu sehen. Unsere Kinder versuchten immer, es nachzumachen und wollten sich dabei ausschütten vor Lachen. Wenn er sich bei der Begrüßung ausgelacht hatte, stellte er sich selber vor: »Der Schweinepriester ist wieder da, ha, ha, ha!« Und dann gings ans Schlachtfest.

Wir hatten Funkverbindung mit ihnen, da es ja in der Wildnis kein Telefon gab, und so konnten wir uns gegenseitig benachrichtigen, wenn etwas los war. So fuhren wir eines Tages hinüber, um uns ein Ferkel zu holen zur Mast. Da die Schweine und Ferkel frei auf dem Hof herumliefen und nicht im Stall eingepfercht waren, mußte man sie einfangen. »Das werden wir gleich haben«, sagte unser »Schweinepriester«, hob seine Soutane hoch, steckte sie in den Gürtel und schickte sich an, auf Ferkeljagd zu gehen. Die Muttersau witterte Unheil für ihr Junges und fuhr ihm mit dem Kopf zwischen die Beine. Er hatte gerade noch die Geistesgegenwart, die Sau beim Schwanz zu fassen, und so rasten beide wie die wilde Jagd im Hof herum wie im Sprichwort: »Es ist, um auf der Sau davonzureiten.« Wir alle, die zusahen, hielten uns die Bäuche vor Lachen, auch der Priester selber, und erst als die Sau müde war und es aufgab, konnte er herunter und sein Ferkel einfangen, das wir dann auch trotz des Gestankes in unserem VW-Bus glücklich nach Hause brachten. Nachdem es gemästet und schlachtreif war, kam er wieder zum Schlachtfest zu uns herüber. So hatten wir im Busch zwar kein Theater, kein Varieté und kein Kabarett, keinen Fernseher und kein Radio, aber Spaß hatten wir trotzdem genug. Langweilig ist es uns nie geworden.

Zu der Zeit, als ich in Paraguay in einer Mennonitenkolonie lebte und arbeitete, war es noch Brauch, daß die älteren Menschen nicht mit »Herr« oder »Frau« von den Jüngeren angeredet wurden, sondern mit »Onkel« oder »Tante«, gleichviel, ob sie verwandt waren oder nicht. Und bei der Frau wurde an den Namen immer die Endsilbe »sche« angehängt. In vielen Familien war es auch noch Brauch, daß die Kinder ihre Eltern mit »Sie« anredeten.

Nun kam da eines Tages eine alte Frau in die Sprechstunde, die, wie die meisten Mennonitinnen, eine Menge Kinder geboren und aufgezogen hatte. Diese waren aber sehr wanderlustig gewesen, oder aber die ärmlichen Lebensbedingungen im Chaco zu jener Zeit waren ihnen verleidet, und so waren sie in alle Welt ausgewandert. Die Mutter war ja im Schoß der Mennonitenkolonie gut aufgehoben, und so brauchten sie sich keine Vorwürfe zu machen, ihre Mutter im Stich gelassen zu haben, auch versorgten sie sie mit ausreichenden Geldmitteln, um bequem leben zu können.

Obwohl ich zu jener Zeit noch kaum Erfahrung mit der Leprakrankheit – heute sagt man »Hansens Krankheit« – hatte, kam mir die alte Frau verdächtig vor. Wir machten also »Skin snips«, Hautstanzproben, und schickten sie ans pathologische Institut der Universität Asunción ein. Resultat: Positiv!

Welch ein Schock, nicht nur für die Patientin selber, sondern auch für uns als Krankenhauspersonal, denn es war unser erster Fall. Ein weiteres Problem waren die Nachbarn der guten Frau, die natürlich alle Angst hatten, sich anzustecken, wenn die Patientin zu Hause bleiben würde. Zu jener Zeit wurden die Hansen-Kranken nicht wie heute ambulant zu Hause behandelt, sondern kamen alle in Leprosarien. Man hat ja inzwischen erkannt, daß die Lepra bei weitem nicht so ansteckend ist, wie man jahrhundertelang, ja seit biblischen Zeiten, angenommen hatte, und daß man sich als Pfleger oder

Familienmitglied eines Hansenkranken durch eine gute Hygiene mit Wasser und Seife ausreichend vor Ansteckung schützen kann. Das alles wußten wir aber zu jener Zeit noch nicht. Ich muß hier zugeben, daß auch ich feige war und vor allem für meine kleinen Kinder fürchtete, wenn ich diese Patientin behandeln würde.

Nun war guter Rat teuer. Was tun mit der Patientin? In ein Leprosarium zu gehen, weigerte sie sich strikt, denn da waren natürlich nur einheimische Patienten, mit denen sie sich gar nicht verständigen konnte, da sie ja nur Deutsch und das mennonitische Platt, jene aber nur Spanisch – wenn überhaupt – oder ihr heimatliches Idiom Guaraní sprachen. Sie wäre da also völlig isoliert gewesen. Schließlich beschloß der Kolonierat, daß wir sie bei uns im Krankenhaus isoliert unterbringen und daß ich sie behandeln sollte nach den üblichen Richtlinien. Ich weigerte mich natürlich nicht, aber in meiner Unkenntnis und Furcht suchte ich wie üblich meine Hilfe bei Gott. Ich vertraute auf ihn, daß er meine Kinder nicht würde entgelten lassen, wenn ich pflichtgemäß meinen Beruf als Arzt ausübte.

Tante Wiens'sche war natürlich auf ihrer Isolation sehr einsam, und so waren die pflegerischen Besuche der Schwestern und meine Arztvisiten die einzige Abwechslung in ihrem monotonen Dasein, denn lesen konnte sie ja auch nicht immerzu.

Ihre größte Freude waren die Briefe ihrer Kinder, und die schrieben ihr auch fleißig. Eine ihrer Töchter war nach Deutschland gegangen, hatte dort ein Kindergärtnerinnenseminar besucht und war dageblieben, sie fühlte sich in Deutschland mehr zu Hause als in Paraguay. Eines Tages schrieb diese Tochter, sie möchte die Mutter besuchen kommen. Welch eine Freude für die alte Frau! Bei meiner täglichen Visite erzählte sie mir voller Freude davon.

»Aber, Herr Doktor«, sagte sie, »meine Tochter hat mich gefragt, ob sie nicht, wenn sie heimkäme, wie alle Kinder in Deutschland, Du zu mir sagen dürfe. Ich habe ihr geschrieben, wenn sie das so gerne wolle, dann könne sie das ja meinetwegen tun. Aber wissen Sie, Herr Doktor, ein komisches Gefühl ist mich das ja doch, wenn die eigenen Kinder Du zu einem sagen!«

Die Lepra ist ja heilbar, Gott Lob! Und so war auch Tante Wiens'sche eines Tages geheilt und konnte entlassen werden und in ihr kleines Häuschen zurückkehren.

Von uns allen im Krankenhaus hat sich niemand angesteckt. Später habe ich es noch oft mit Leprakranken zu tun gehabt, aber meine Angst von damals kam mir geradezu lächerlich vor!

In Afrika ist den meisten Krankenhäusern eine Lepraabteilung angeschlossen, und man sagt, noch nie habe sich ein Arzt oder eine Pflegerin angesteckt.

Das tapfere Schneiderlein

Immer, wenn in deutschen Zeitungen Berichte über mich und meine Arbeit im paraguayischen Busch erschienen, bekam ich Leserzuschriften mit den unterschiedlichsten Wünschen. So einmal einen Brief aus Regensburg in Niederbayern:

»Werter Herr Doktor! Ich habe in unserer Zeitung über Sie gelesen, und ich interessiere mich sehr dafür, zu Ihnen in den Busch zu kommen, um Ihnen zu helfen. Zu meiner Person: Ich bin 31 Jahre alt, 1,57 m groß, von Beruf Schneider und katholischer Konfession, ledig. Ich bin zivilisationsmüde und sehne mich nach einem Leben in Freiheit und in der Wildnis. Bitte, wenn Sie mich irgendwie brauchen können, dann schreiben Sie mir. Ich stelle keine Forderungen, bin mit allem zufrieden.

Mit freundlichem Gruß! Ihr XXX

In meiner Antwort versuchte ich, ihm die Schwierigkeiten des Lebens in der Wildnis zu schildern, auch daß die ganze Kolonie mennonitischer Konfession sei und daß die Mennoniten eine sehr strenge Glaubensgemeinschaft seien, die ihren Gliedern sehr wenige Freiheiten gönnten. Wie z. B. striktes Rauch- und Alkoholverbot und voreheliche geschlechtliche Enthaltsamkeit obligatorisch seien, und daß innerhalb der Koloniegrenzen, einer Fläche von der Größe Bayerns, kein einziger Katholik wohne. Daß die Frauen alle Kleider, auch Männerhosen und Hemden, selber nähten. Daß die Mennoniten, friesischer Abstammung, blond, blauäugig und sehr groß gewachsen seien, so daß er wohl schwerlich eine passende Frau unter ihnen finden könne.

Bald kam der zweite Brief. »Sie können mich nicht abspenstig machen«, schrieb er, »ich käme trotz allem. Ich würde mich sofort umtaufen lassen, würde eine Mennonitin heiraten und wenn sie auch noch so groß wäre! Ich würde einen Herren- und Damenschneidersalon in Ihrem Ort eröffnen. Ihrer verehrten Frau Gemahlin würde ich ein schickes Schneiderkostüm nähen und für den Herrn Oberschulzen einen maßgeschneiderten Herrenanzug. Wenn es da keine Schneider gibt, ist das doch gerade der rechte Platz für mich! Ich bitte Sie noch einmal: Lassen Sie mich kommen!«

Der Arme tat mir ehrlich leid. Ich machte mir die Mühe, ihm das Leben in der Wildnis in den schwärzesten Farben zu schildern, erzählte ihm von den vielen Giftschlangen, den Vogelspinnen und Taranteln und schwarzen Witwenspinnen, den Skorpionen, den Jaguaren und Mähnenwölfen im Busch, von dem chronischen Wassermangel bei einer Hitze von 45 Grad im Schatten, von den monatelangen Sandstürmen im Winter, welche dem Gran Chaco den Beinamen »Grüne Hölle« gegeben haben, von den wilden Indianerstämmen, die oft furchtbare Massaker unter den deutschen Siedlern anrichteten. Aber das alles schien seine Sehnsucht nach der Wildnis nur noch zu bestärken, und er schrieb und bettelte weiter. Er hatte sich so in seine Buschromantik festgebissen, daß ihm nicht beizukommen war. Heutzutage würde man so einem Menschen einfach schreiben:

»Bitte, setzen Sie sich ins Flugzeug, kommen Sie her und

schauen Sie sich alles an«, aber damals dauerte die Reise fünfeinhalb Wochen und war mit so vielen Schwierigkeiten verbunden, daß man das einem unerfahrenen Menschen einfach nicht zumuten konnte. Außerdem hatte er gar kein Geld, um die Reise zu finanzieren, ich sollte ihm alles vorstrecken.

Nachdem der Briefwechsel einige Monate gedauert hatte, sah ich ein, daß ich ihm mit Vernunftgründen nicht beikommen konnte, und daß mir nichts anderes übrigblieb, als die Korrespondenz einschlafen zu lassen.

Wer weiß, ob seine Sehnsucht nach der Wildnis noch an einem anderen Platz der Erde gestillt worden ist?

Kazike Schwiensjehaon sine Jonges

Nachdem die deutschstämmigen Mennoniten sich im Chaco angesiedelt hatten, waren die Indianer bald dahinter gekommen, daß sie bei den Weißen bessere Lebensbedingungen hätten, als wenn sie weiter nomadisierend durch die Kaktus- und Dornenhalbwüste zögen. Es hatte sich eingebürgert, daß sich je eine Indianerfamilie auf dem Hof einer deutschen Familie niederließ, wo sie dann beim Viehhüten, bei der Erdnuß- und Baumwollernte halfen, Eltern und alle Kinder, die schon Baumwolle zupfen konnten, genau wie es auch bei den Weißen war.

Es dauerte nicht lange, da hatten sie sich ein wunderliches Plattdeutsch angewöhnt, das natürlich bei uns an der Nordsee kein Mensch verstehen würde. Ferner legten sie ihre eigenen Namen ab und nannten sich fortan mit dem Namen des »Padrons«, so daß es im Chaco viele Indianer gibt, die Klassen, Peters, Deichgräf, Wiens, Wiebe oder Friesen heißen, heutzutage sogar mit Eintrag im Standesamtsregister und mit Kennkarte.

Samstags, wenn ich bei den Indianern Präventivmedizin betrieb, fragte ich jeden Patienten nach seinem Namen, denn wir mußten unsere Ergebnisse ja auch karteimäßig festhalten.

Einmal stellte mir der Missionar einen Indianer mit »Adler-auge« vor, aber der protestierte und sagte, er heiße »Schwiensjehaon« (Schweinejohann). Er war bei einem Deutschen beschäftigt, der Schweine züchtete und allgemein Schwiensjehaon genannt wurde.

Eines Morgens, es dämmerte gerade, hüstelte jemand vor unserem ebenerdigen Schlafzimmerfenster. Als ich den Vor-hang zurückzog, stand ein kleines Indianerweiblein draußen und sagte: »Morjes! Ick si Marieke, de Fru vom Kazike Schwiensjehaon. Onse Jonges is schwoar krank, Kazike saje, dine furts (sofort) komme zom Kriere (kurieren).«

»Wenn hei so schwoar krank is, kaon ick nuscht done bi junt, ji moate ahn herbrenge.«

»Geiht nich, hei kaon nich gone.«

»Dann mote ji ahm traoge.«

»Geiht ok nich, hei is to schwoar, hei is en groote Jon-ges.«

Ich weigerte mich und sagte, sie solle heimgehen und zuse-hen, wie sie den Jungen ins Krankenhaus bringen könne, sie solle eben zwei oder drei Männer zum Tragen holen. Ja, ein Indianer und etwas tragen!

Nach einer Weile hüstelte es wieder, und wer steht vor dem Fenster? Mariechen, den Jungen, der um fast einen Kopf größer war als sie, huckepack auf dem Rücken tragend. Ich ging mit ihr nach vorn zum Krankenhaus und untersuchte ihn, stellte fest, daß er einen vereiterten Blinddarm hatte und operiert werden mußte. Aber da protestierte sie aufs Heftig-ste:

»Nee, nee, Kazike saje, nich hierloate. Dine mol aonkieke, Medizin jewe, nao Hus nehme.«

Ich gab aber nicht nach und gab ihr zu verstehen, daß der Junge sterben müsse, wenn wir ihn nicht sofort operier-ten.

»Kazike saje, wenn dine ene nije Büx un en nijet Hamb jewe, daon hierloate, sonst nich.« Sie wollten also einen Kuhhan-del mit uns machen. Für die großzügige Erlaubnis, ihn hier umsonst operieren und behandeln zu dürfen, sollten wir mit einem neuen Hemd und einer neuen Hose bezahlen!

Die Zeit drängte, ich ließ mich auf keine weiteren Diskussionen ein und operierte.

Als der Junge außer Gefahr war und wir ihn entlassen konnten, kam der Vater und verlangte die vereinbarte neue Hose und das neue Hemd.

»Wo is de nije Büx un dat nije Hamb?«

Ich wackelte mit dem Kopf und sagte: »Hm-m!«

»Ick seet, Jonges blot hierbliewe, wenn et ne nije Büx un en nijet Hamb jiwt.«

»Ick saje: Nee!«

»Ick saje: Jo!«

»Nee!«

»Jo!«

»Horch mol, Kazike«, sagte ich, »is mine dine Jonges jesond maoke, opriere, Ete jewe, Medizin jewe, dine mine nischt jewe! Nich *mine dine* betaole, *dine mine* betaole, comprende?«

»Ach so«, sagte er, »woveel?«

Ich nannte ihm einen bescheidenen Preis und er bezahlte ihn anstandslos.

Nachdem ich bei Experten nachgeforscht hatte, fand ich heraus, daß es bei den Indianern niemals etwas geschenkt gibt und daß man daher auch das Wort »Danke« nicht kennt. Alles wird getauscht oder abgearbeitet oder bezahlt. Wenn jemand für einen Dienst *nichts* will, dann muß er eben bezahlen, denn man hat ihm offenbar einen Gefallen erwiesen. Fortan verlangten wir etwas und die Sache war in Ordnung, da gab's keinen Streit mehr.

Nachdem ich schon einige Jahre an meinem kleinen Busch-krankenhaus in Paraguay gearbeitet hatte, bekamen wir Flugverbindung zur Hauptstadt Asunción, die fünfhundert Kilometer Luftlinie von uns entfernt war. Zweimal in der Woche, montags und donnerstags, kam eine Militärma-schine mit 25 Sitzen heraus und nahm nicht nur Personen, sondern auch Butter und Käse mit, Produkte, die in der Hauptstadt sehr gefragt waren und der Kolonie gutes Geld brachten. Vorher hatte man für die Reise in die Stadt eine Woche gebraucht, nun waren es nur noch eineinhalb Stun-den.

Es wäre nun auch möglich gewesen, Patienten, für die ich mich nicht kompetent fühlte, zu Spezialisten in die Stadt zu schicken. Aber meistens wollten unsere Kolonisten gar nicht weggeschickt werden, sie konnten kein Spanisch und kamen sich in der großen Stadt wie verloren vor. Außerdem waren sie der Meinung, ich sei ein Alleskönner, was natürlich kei-nesfalls stimmte.

Wie ich schon öfter berichtete, genießt ein deutscher Arzt im Ausland einen schier unverdient guten Ruf, und das be-drückte mich oft sehr, vor allem, wenn ich mich nicht kompe-tent fühlte. Eines Tages wurde uns eine alte Frau aus der Hauptstadt mit dem Flugzeug herausgebracht, die eine Haut-krankheit hatte mit Namen Pemphigus. Der ganze Körper ist über und über mit großen Blasen bedeckt, die mit Wasser gefüllt sind und platzen. Wenn dann nicht größte Reinlich-keit und gute Pflege herrscht, fangen die offenen Wunden an zu eitern und schrecklich zu stinken. Die alte Frau war schon bei sämtlichen Koryphäen auf diesem Gebiet gewesen, nicht nur in der Universitätsklinik von Asunción, sondern sogar von Buenos Aires. Nichts hatte geholfen, und die Frau war am Verzweifeln. Als ich sie untersucht hatte, wurde mir das Herz schwer, denn ich bin ja kein Hautarzt und hatte keine Ahnung, was ich mit ihr machen sollte. »Leider sind Sie bei mir an der falschen Stelle«, sagte ich, »ich bin Chirurg, und bei Ihnen gibt es ja nichts zu operieren. Ich weiß nicht, was ich mit Ihnen machen soll, wie ich Sie behandeln soll.« Sie fing an zu weinen. »Sie waren meine letzte Hoffnung«, schluchzte sie, »in der Stadt haben alle gesagt, ›probiers doch mal bei dem deutschen Doktor im Chaco, in Filadelfia.‹. Ich geh' nicht weg, probieren Sie mit mir, was Sie wollen, ich mach' alles was Sie sagen.«

Ich kratzte mich am Hinterkopf. »Wissen Sie was? Das einzige, was ich mir vorstellen kann, das Ihnen helfen könnte, wäre eine Hungerkur.«

»Von mir aus, ich bin bereit, zu hungern, und wenn ich mich zu Tode hungern müßte, denn so wie jetzt will und kann ich nicht mehr weiterleben.«

Wir legten sie also in ein Einzelzimmer unter ein Moskitonetz, um die Fliegen von den offenen Wunden abzuhalten, deckten alle offenen Wunden steril ab und gaben ihr nichts als frisch gepreßten Orangen- und Grapefruitsaft. Zitrusobst hatten wir ja genug im Krankenhausgarten, so bei hundert Bäume. Ich ließ jeden Tag einen Einlauf machen, bis wirklich nichts mehr an Schlacken in ihrem Körper war. Und sie fastete, fastete mit Todesverachtung. Nie beklagte sie sich. »Ich habe Ihnen ja versprochen, zu fasten und wenn ich mich zu Tode fasten müßte.« Sie wurde mager und magerer, aber kein Erfolg stellte sich ein. Immer neue Blasen bildeten sich, und das einzige, was wir tun konnten, war gute Pflege, so daß sich die Wunden nicht entzündeten und eiterten. Enttäuschend, aber ich hatte ihr ja von vornherein gesagt, daß ich nicht kompetent sei und ihr nichts versprechen könne.

Nach ein paar Wochen, ich glaube es waren drei, kam der Zeitpunkt, der für unseren vierjährlichen Deutschlandurlaub vorgesehen war. Ich sagte ihr, daß ich für einige Monate in meine Heimat reise, und ich stellte ihr anheim, ob sie bleiben oder nach Hause gehen wolle. Da keinerlei Erfolg zu sehen war, entschloß sie sich, mit unserem Flugzeug in die

Hauptstadt mitzufliegen, wenn ich bereit sei, sie unterwegs zu betreuen und in Asunción in ihr Haus zu bringen.

Als wir sie ins Flugzeug tragen wollten – sie war schon viel zu schwach zum Gehen –, weigerte sich der Pilot, sie mitzunehmen, denn so wie sie aussah, glaubte er, sie habe Lepra. Erst als ich ihm sagte, daß ich sie ja dann wohl nicht auf meinen Armen trüge, gab er nach und sagte: »A Su responsabilidad de Ud.« (Auf Ihre Verantwortung) In Asunción angekommen, erwartete mich der Chauffeur des Deutschen Botschafters mit dem Mercedes, um mich, meine Frau und unseren kleinen Cornelius (ich war ja nebenbei Konsul) in die Stadt zu bringen. Als er die schwärenbedeckte Frau sah, die ich auf dem Arm hatte, weigerte auch er sich, sie mitzunehmen. Er könne das nicht verantworten ohne Erlaubnis des Botschafters.

»Dann bleibt nichts anderes übrig, als daß Sie allein nach Hause fahren, denn ich lasse die kranke Frau nicht hier zurück. Aber sehen Sie denn nicht, daß ich ein kleines Kind habe? Glauben Sie denn, ich würde mein Kind einer Ansteckung aussetzen, wenn ich meinte, die Frau habe Lepra?«

Schließlich gab er nach. Wir wickelten sie in Tücher, so daß niemand Ihre Geschwüre sehen konnte, und lieferten sie in ihrem Haus in Asunción ab. Mit Tränen nahm sie Abschied. Ich weiß nicht, wer enttäuschter war, sie oder ich, und schweren Herzens ließ ich sie zurück und versprach, nach meiner Rückkehr nach ihr zu sehen.

»Wenn ich bis dahin noch lebe«, sagte sie.

Die vier Monate in Deutschland, angefüllt mit Fortbildung und vielen, vielen Missionsvorträgen, bei denen ich das Geld für Krankenhausausstattung zusammenbettelte, waren schnell herum, und wir traten die Heimreise in den Chaco an.

In Asunción angekommen, war unser erster Gang zu der Pemphiguspatientin.

Wer beschreibt unser Erstaunen, als wir sie mit einer Haut vorfanden, so rein und makellos wie die eines neugeborenen

Kindes! Weinend fiel sie uns um den Hals und meinte: »Zuerst kannte meine Enttäuschung über den Mißerfolg keine Grenzen. Aber dann sagte ich ›Lieber Gott, das darf doch nicht wahr sein, daß die ganze Behandlung im Chaco umsonst war!‹ Und ich sagte mit Jakob: ›Ich lasse dich nicht, Du segnest mich denn.‹ Zwei Wochen fastete ich noch, insgesamt also fünf volle Wochen. Da begannen meine aufgeplatzten Blasen zu heilen, neue kamen nicht mehr, und nach weiteren zwei Wochen sah ich so aus wie Sie mich jetzt sehen. Alle Leute, die mich kannten, meinten, ein Wunder müsse geschehen sein.«

Da ich nichts weiter für sie hatte tun können, als sie hungern lassen, mußte auch ich Gott die Ehre geben und an ein Wunder glauben.

Priscilla oder »The Lord is humorous«

Sie war eine Missionarsfrau, die einzige Tochter schwerreicher Eltern in USA, und sie war von Beruf eine »registered Nurse«, oder wie wir auf deutsch sagen »examinierte Krankenschwester«. Zum Leidwesen ihrer Eltern hatte sie sich in einen äußerst gutaussehenden jungen Mann verliebt, der die Berufung zum Missionar in sich fühlte. Das war für die Eltern bitter, denn sie hatten ganz andere Pläne mit ihrer Tochter gehabt, und sie waren traurig, daß die Verbindung mit diesem Mann eine Trennung für Jahre und über Tausende von Meilen bedeutete. Wie üblich, besuchten die beiden eine Missionsschule, und sie entschlossen sich, sich der »New Tribes Mission« anzuschließen, eine Gesellschaft, die sich zum Ziel gesetzt hatte, das Evangelium nur zu solchen Volksstämmen zu bringen, die noch niemals etwas davon gehört hatten, unentdeckte Stämme sozusagen. Das bedeutete, irgendwo in den tiefsten Busch zu gehen, so primitiv zu leben wie die ersten Menschen, obendrein noch das Risiko einzugehen, ermordet zu werden. Kein Wunder, daß die Eltern von Priscilla nicht begeistert waren von der Wahl ihrer Tochter. Jedoch sie war genau so entschlossen wie ihr Verlobter, für ihren Glauben jedes Opfer zu bringen.

So kamen sie eines Tages in unser kleines Städtchen, das der Ausgangspunkt für ihre Exkursionen zu den wilden, noch unentdeckten Indianerstämmen des Gran Chaco von Paraguay und Bolivien sein sollte. Sie mieteten sich ein kleines Hüttchen mit zwei Stübchen und einer kleinen Küche unterm Schattendach. Es hatte Lehmfußböden und war mit Stroh gedeckt, so wie damals in der Anfangszeit der Siedler fast alle Häuser gebaut waren. Damit trotz aller Primitivität doch ein wenig Schönheit dabei war, wurden diese Lehmhütten verputzt mit einer Mischung aus Lehm, Kuhmist und gehäckseltem Stroh, die durch Treten mit den Füßen homogen gemacht wurde. In einer Grube wurde Rohkalk mit Wasser gelöscht, und mit Pinseln aus geklopften und geschlitzten Palmwedeln wurde das Hüttchen weiß gekalkt. Die Lehmfußböden wurden, nachdem sie schön glattgestrichen waren, mit einer Lasur aus zwanzig bis dreißig geschlagenen rohen Eiern überzogen, und wenn die trocken war, sah es aus wie Linoleum. Natürlich durfte man auf diesen Böden nur barfuß oder in Strümpfen gehen, sonst wären sie gleich ruiniert gewesen. In den ersten Tagen nach diesem »Naturverputz« war es ratsam, einigen Abstand von dem Gebäude zu halten, denn bis die Eierpolitur und der Kuhmistverputz ausgestunken hatten, mußte man sich die Nase zuhalten.

Die Dächer wurden so gedeckt, daß man Strohbüschel in nassen Lehm tauchte und in mehreren Lagen übereinander legte. Diese Strohdächer hatten den Vorteil, daß sie gut gegen die Hitze isolierten im Gegensatz zu den Blechdächern, aber der Nachteil war, daß man von ihnen kein Regenwasser in die Zisternen sammeln konnte, und darauf waren wir ja angewiesen, da das Brunnenwasser salzhaltig und für menschlichen Genuß unbrauchbar war. Da das Blech von außerhalb der Kolonien gekauft werden mußte und sehr teuer war, konnten sich nur die begüterteren Siedler ein Blechdach leisten. Ein Blechdach kostete mehr als das ganze übrige Haus. Ein weiterer Nachteil der Strohdächer war, daß sie nur bei milderen Regen dicht waren. Kamen die großen Güsse in der Sommerzeit, die für Europäer ganz unvorstellbare Wolkenbrüche waren, dann sickerte nach und nach das Regenwasser durch das Dach, weichte den Lehm-Kuhmistverputz auf, und wenn das Gewicht des Wassers zu schwer wurde, machte es platsch! und eine ganze Ladung fiel von der Decke herunter, wo es gerade hintraf, auf den Herd in den Kochtopf, auf den gedeckten Eßzimmertisch oder aufs Bett. Nachher ging das Verputzen von neuem los. Nun, der Mensch mißt sich immer an seiner Umgebung, habe ich herausgefunden. Wenn alle um einen her es auch nicht besser haben, denkt man nicht daran, wie man es früher daheim hatte. So ging es uns, und so ging es auch Priscilla, die ja aus einem Millionärshaus stammte. Sie hat sich niemals beklagt und konnte über jedes Mißgeschick herzhaft lachen.

Am meisten haben wir an ihr bewundert, daß sie immer eine direkte Telefonverbindung mit dem lieben Gott zu haben schien. Fast jeden Morgen kam sie herüber – sie waren unsere Nachbarn – und erzählte uns: »Yesterday I said to the Lord«, oder »the Lord said to me.« Da wir selber auf unsere Gebete so oft ohne Antwort blieben, fragten wir uns immer: Wie macht die das bloß, daß sie immer weiß, was der Herr zu ihr sagt? Hat die einen heißeren Draht nach oben als wir?

Eines Tages kam wieder einmal eines jener sommerlichen Tropengewitter, wo man meinte, die Welt müsse gleich untergehen. Wir schauten immer wieder an die Decke, ob kein nasser Fleck erscheine, aber, Gott Lob!, ging alles diesmal gut.

Am anderen Morgen kam Priscilla mit ihrem Baby auf dem Arm und hochschwanger – sie hatte insgesamt sechs Kinder – herüber zu uns und erzählte strahlend und guter Laune: »Yesterday, when the thunderstorm came, I said to the Lord ›oh Lord, I thank thee so much, that I am so safe in my nice bed and am not a poor Indian out in that terrific deluge!‹ And just when I said Amen, down went the cowdung from the ceiling—right into my open mouth, bumm! The Lord is humorous, isn't he? Hahahaha!«

Für die, welche kein Englisch können, hier die Übersetzung:

»Gestern, als das Gewitter kam, sagte ich zum Herrn: ›O Herr, ich danke Dir, daß ich so sicher in meinem Bettchen liege und nicht ein armer Indianer draußen in dieser schrecklichen Sintflut bin!‹ Und gerade als ich Amen sagte, machte es platsch, und der Kuhmist kam von der Decke herunter und gerade in meinen offenen Mund hinein. Gott hat doch Humor, oder nicht?«

Der Mello

Eines Tages machte in unserem Ort ein Prospekt aus Kanada die Runde.

»Wollen Sie HUNDERT Jahre alt werden bei völliger geistiger und körperlicher Frische? DANN lassen Sie alle Rücksicht auf Anstand, Sitte und Kultur fahren, und lassen Sie Ihre Darmgase ungehindert entweichen!!«

Wer wollte schon nicht, wenn körperliche und geistige Frische garantiert waren, hundert Jahre alt werden?

In dem Prospekt waren im Anschluß an diese Überschrift mindestens fünfzig Krankheiten aufgezählt, die ihren Ursprung einzig und allein darin hatten, daß der Kranke auf Anstand, Sitte und Kultur Rücksicht genommen hatte und seine Darmgase nicht hatte ungehindert entweichen lassen. Nachdem ihm also eindringlich klargemacht worden war, welche verheerenden Folgen seine unsinnige Rücksichtnahme haben könne, wurde ihm zur Erleichterung ein etwa fünf Zentimeter langes Darmrohr angeboten, »Der Mello«, und der kostete in schwarzem Kautschuk zehn Dollar, aber wenn er mit Gold überzogen war, fünfzehn Dollar. Der Mello fand reißenden Absatz. Hunderte bestellten per Luftpost und legten dem Brief gleich die geforderte Summe in bar bei, die einen sofort und spontan, viele aber auch, nachdem sie meine Meinung hatten hören wollen. Aber wenn ich auch nur ein Wort sagte: »Quatsch«, so war doch die Macht der Propaganda stärker, und auch diese Ratsuchenden bestellten den Mello. Der Mello sollte immer und überall getragen werden, tags und nachts, bei der Arbeit wie im Schlaf, so daß der ungehinderte Abgang der Darmgase zu jeder Zeit garantiert war. Einzig und allein zur Verrichtung des »großen Wunsches« durfte er herausgenommen werden.

Bald sah ich kaum noch einen Patienten in der Sprechstunde ohne das Ding im Hintern, und besonders bei den vergoldeten Mellos konnte ich mir das Lachen kaum verkneifen.

Eine Weile sagte ich gar nichts. Aber als dann trotz allem meine Sprechstunde nicht leerer wurde, begann ich die Melloträger zu fragen, wieso sie denn überhaupt noch krank würden, nachdem sie schon einige Monate die Rücksicht auf Anstand, Sitte und Kultur hatten fahren lassen? Nach einiger Überlegung gaben sie kleinlaut zu, daß sich nichts geändert habe, und daß sie ihre Beschwerden verschiedener Art immer noch hätten und deshalb zu mir gekommen seien.

Allmählich ebbte der Mellofimmel wieder ab, und die Menschen gewöhnten sich daran, wieder Rücksicht auf Anstand, Sitte und Kultur zu nehmen und ihre Darmgase in Gegenwart Dritter *nicht* ungehindert entweichen zu lassen!

Russisches Schlagwasser

Die mennonitische Glaubensgemeinschaft hat die Groß- oder Glaubenstaufe. Wenn die Menschen erwachsen sind und sich entschieden haben, Jesus nachzufolgen und ein christliches Leben zu führen, verpflichten sie sich, keinen Alkohol zu trinken und auch nicht zu rauchen. Da es Gasthäuser nicht gab in der Kolonie in Paraguay, in der ich lebte, hatte auch niemand die Möglichkeit, sich Alkohol zu beschaffen, es sei denn in unserer Krankenhausapotheke, und da auch nur in winzigen Mengen, hauptsächlich zu Desinfektionszwecken, oder aber in Form von Arznei. Die Apotheke bezog ihren Bedarf in der Hauptstadt Asunción in sogenannten Damajuanas, auf deutsch Korbflaschen, von zehn Liter Inhalt. Nun bemerkte ich, daß aus unserer Nachbarkolonie immer wieder in gewissen Abständen ein Mann herüberkam und eine Damajuana voll Alkohol kaufte. Ich fragte unseren Apotheker, wieso er denn Alkohol verkaufe, er wisse doch so gut wie ich, daß die mennonitische Kirche den Verkauf von Alkohol verbiete.

»Der Mann sagt, er brauche ihn, um Medizin herzustellen«, meinte der Apotheker.

»Ja, ist er denn ein Apotheker, oder was?«

»Nein, er ist ein Farmer wie alle anderen.«

»Da würde ich mich aber interessieren, was für eine Medizin das ist. Wissen Sie was, wenn er das nächste Mal kommt, dann fragen Sie ihn doch danach und sagen Sie, Sie dürften ihm keinen Alkohol mehr verkaufen, wenn er nicht willens sei, die Karten offen auf den Tisch zu legen.«

Gesagt, getan. Beim nächsten Besuch mußte er so davonziehen, ohne Damajuana. Dann brachte er uns seinen Werbeprospekt, den ich hier wörtlich abschreibe:

Aqua apoplectica – auch Russisches Schlagwasser genannt
Gegen Kolik, Durchfall, Seitenstechen, Magenkrampf, Zittern, Fieberkrämpfe, Erkältungen, Cholera, Sommerbeschwerden, Influenza, Frösteln, Ruhr, Husten, kaltes Fieber, Kinder-Kolik, Gesichtsrose usw. Unübertrefflich für Frauenbeschwerden, mangelhafte oder unterdrückte Regel, Hysterie, krankhafte Wehen bei oder nach der Entbindung, Neigung zur Fehlgeburt usw. Quetschungen, Verrenkungen, Schwellungen, Kopfweh, Neuralgie, Zahnweh, Gelenkschmerzen, Mumps, Diphtherie usw.

Gebrauchsanweisung

Erwachsene nehmen innerlich 5 bis 10 Tropfen auf Zucker oder versüßtes heißes Wasser alle dreißig Minuten. Kinder die Hälfte, Säuglinge die Hälfte der Kinderdosis.

Äußerlich reibe man den leidenden Teil gründlich ein. Eins merke man sich: Man muß nicht damit sparen wollen, wenn es rasch wirken soll. Bei nervösem Kopfweh muß man den Hinterkopf und den Nacken sowohl wie den Vorderkopf, wo der Schmerz sitzt, damit einreiben. Auch ist es gut, wenn man an der Flasche riecht und heiße Umschläge macht, besonders um Frauenleiden, Mumps, Leib- und sonstige Schmerzen rasch zu vertreiben. Umschläge sind alle fünf Minuten zu wiederholen. Man hüte sich, den betreffenden Körperteil dem Zuge auszusetzen.

Welch ein Wundermittel! Und dabei war es nur Spiritus, reiner Alkohol, wie ich mich später durch eine beschaffte Probe selber überzeugte. Diese Wundermedizin kostete ein Vielfaches von dem in unserer Apotheke gezahlten Preis, und was mich am meisten ärgerte, war daß das Alkoholverbot so auf schamlose Weise umgangen wurde! Aber wer meint, so etwas könne es auch nur im Busch geben, der irrt sich: Auch in Deutschland gibt es das. Eine meiner Patientinnen, die von sich glaubte, strikte Abstinenzlerin zu sein und keinen Tropfen Alkohol im Hause zu haben, von der ich aber immer meinte, eine »Fahne« zu spüren, gab mir schließlich kleinlaut zu, nur ihre »Naturmedizin« mehrmals am Tage zu nehmen, aber immer nur in kleinen Schlucken! Diese »Naturmedizin«, in ganz Deutschland bestens bekannt, hat diese arme Frau zur Alkoholikerin werden lassen.

I

»Werter Herr Doktor!

Einen Gruß der Liebe zuvor! Entschuldigen Sie, wenn ich Ihnen mit diesem Schreiben belästige. Gerne würde ich selber zu Ihnen kommen, aber ich wohne achthundert Kilometer weit von Ihnen. Mit dem Flugzeug ist es mir zu teuer und auf dem Landweg bräuchte ich eine ganze Woche, das halte ich nicht aus.

Mein Problem ist, daß ich mich so schwach fühle. Ich esse gut und trinke gut, bin dick, und wenn Sie mich sehen würden, würden Sie mir nicht glauben, daß ich so krank bin. Zum Arbeiten habe ich überhaupt keine Lust, da mir bei der geringsten Anstrengung der Schweiß ausbricht. Dabei verkehre ich jeden Tag dreimal mit meiner Frau, um meine Gesundheit zu schonen! Können Sie mir keinen Rat geben, was mit mir los ist?

Freundlich grüßend Ihr…«

Was ich dem guten Mann geantwortet habe, will ich hier lieber nicht aufschreiben.

II

Ein amerikanisches Missionarsehepaar war in den Busch gekommen, in der Absicht, ganz wilde Indianer aufzusuchen und zu bekehren, solche, die noch nie mit einem Weißen in Berührung gekommen waren. Da unsere Gegend den schönen Beinamen »grüne Hölle« hatte, waren sie sehr besorgt um ihre Gesundheit. Nicht nur hatten sie sich gegen alle nur denkbaren Tropenkrankheiten – auch die, welche es in unserer Gegend gar nicht gab – impfen lassen, sie schluckten täglich ihre Malaria-Vorbeugungstablette, hatten alle Fenster mit Moskitodraht abgesichert, schliefen unter Moskitonetzen und tranken niemals etwas, das nicht eben frisch gekocht war oder vorher durch ein Filter gesiebt. Täglich zweimal nahmen sie Temperaturmessung vor, früh und abends, und kontrollierten sich gegenseitig ihren Blutdruck – mit einem Wort: Hypochonder, wie sie im Buch standen. Vor lauter Vorsicht kamen sie überhaupt nie dazu, ihr Vorhaben zu verwirklichen, sie haben nie einen echten wilden Indianer gesehen, sondern nur unsere »zahmen«, die täglich vors Fenster kamen, um zu betteln.

Eines Tages bekam ich von ihnen einen Brief: (in Englisch)

> »Lieber Doktor, möchtest Du nicht nach uns sehen, wir sind beide schwer krank und liegen im Bett. Aufstehen und zu Dir kommen können wir nicht. Wir sind sehr in Sorge. Wenn Du kannst, komme bald!
>
> Love...«

Ich fuhr also mit dem Jeep hinaus in ihr Häuschen im Busch, wo sie vergeblich so lange auf die wilden Indianer gewartet hatten und fragte, wo es denn weh tue.

»Nichst tut uns weh«, meinten sie, »das ist ja gerade das Komische!«

»Aber was ist denn dann los?«

»Wir haben uns wie alle Tage die Temperatur gemessen und haben heute zu unserem Entsetzen festgestellt, daß wir nur 36 haben!«

»Lassen Sie mich doch mal Ihr Thermometer sehen.«

»Hier.«

»Das ist ein Celsius-Thermometer. Sie messen doch in Amerika nach Fahrenheit. Wo haben Sie denn das Thermometer her?«

»Ja, unseres, das wir von zu Hause mitgebracht und bis jetzt immer benutzt hatten, ist uns kaputt gegangen. Da haben wir uns aus Ihrer Krankenhausapotheke ein neues bestellt.«

»Eben. Und wir messen hier nach Celsius. Da ist 36 am Morgen keine gefährliche Krankheit, sondern eine ganz normale Temperatur.«

»Oh my, oh my, is this a strange country! May be we better

go home.« (Liebe Zeit, ist dies ein komisches Land, wir glauben es ist besser, wir gehen wieder heim.)

Das riet ich ihnen dann auch und sie verließen kurz darauf den unwirtlichen Chaco.

III

Werter Herr Doktor nebst Fam.!

Meine Frau hat immer so den Durchmasch. Bitte, schicken Sie ihr von die Pällen, aber nich von die grauen, die hälfen nicht. Sondern schicken Sie ihr von die gälben, die hälfen. Wenn sie den Durchmasch hat, kommt nicht immer was, sondern manchmal bloß Wind.

Frohe Weihnachten und ein gesegnetes Jahr wünscht

Ihr ...

(Das war mein originellster Weihnachtsglückwunsch im Leben.)

IV

Wertes Doktohrpersonal! (Damit war ich gemeint)

Ich habe immer so wunderbare Geräusche in meinem Bauch: So ein Jaulen und Brummen, Schnurpsen und Quietschen, Sausen und Jachern. Das ist mir schon gar nicht mehr interessant. Ob es wohl die Blinddarm ist, oder sind es vielleicht die Gedürme? Ich würde Ihnen sehr dankbar sein, wenn Sie mal zu mir kommen und nach mir sehen könnten!

Mit freundlichem Gruß! Ihr ...

Der Bottlboom

Im Gran Chaco, der sich über die Länder Argentinien, Paraguay und Bolivien erstreckt, regnet es 4 bis 5 Monate im Jahr keinen Tropfen, und die Natur sieht wie gestorben aus. Alles ist so dürr und trocken, daß man sich beim besten Willen nicht vorstellen kann, hier jemals wieder ein grünes Blättchen zu sehen. Wasserläufe gibt es in dieser Ebene keine, und selbst das kleinste Wasserpfützchen ist ausgetrocknet. Die Riachuelos, Nebenflüsse des großen Paraguaystroms, die aber ihr Wasser in der Regenzeit vom Hauptstrom erhalten und nicht wie bei uns zu ihm hinbringen, sind längst leergetrocknet. Die Fische, welche es versäumt haben, sich vor der Trockenzeit rechtzeitig in den Hauptstrom davonzumachen, verenden in den Tümpeln elendiglich, wenn sie nicht vorher von den Indianern mit den Händen herausgeholt worden sind oder von den Scharen von Wasservögeln, farbenprächtigen Flamingos und anderen Reiherarten, die in dieser Jahreszeit weither geflogen kommen, um ihren Festschmaus zu halten, und die die Ornithologen aus der ganzen Welt herlocken, um ihre wissenschaftlichen Studien zu betreiben.

Die weißen Siedler, Mennoniten deutscher Abstammung, haben ihren Wasservorrat in der Regenzeit in Zisternen gesammelt, der, wenn sie groß genug sind, über die Trockenzeit hinwegreicht. Gegen Ende der Trockenzeit müssen aber auch sie jeden Tropfen Wasser wie eine Kostbarkeit sparen. Alle Vorrichtungen in Küche, Bad, Operationssaal und in den Krankenzimmern sind aufs Wassersparen eingerichtet, und sie sind ebenso einfach wie sinnvoll konstruiert. Es sind Eimer, oben offen, unten konisch zulaufend und mit einem Ventilzapfen versehen, den man mit den Händen hochdrückt, wobei sich gerade genügend Wasser entleert, um die Hände anzufeuchten zum Einseifen. Nochmals die gleiche Manipulation zum Abspülen, und man hat weniger als einen halben Liter Wasser verbraucht. Beim Duschen wird dieser Eimer an der Decke aufgehängt, das Ventil wird an einer Schnur gezogen, das Wasser fließt durch ein Sieb und so braucht man höchstens zwei Liter für ein Bad. Alles gebrauchte Wasser, ob vom Duschen oder vom Geschirrspülen, vom Kinderbaden oder vom Fußbodenwischen, wird zum Gießen des kleinen Gemüsegärtchens oder der Blattpflanzen und Ziersträucher ums Haus, auf die natürlich auch hier keine gute Hausfrau verzichten will, verwendet.

Die armen Indianer, Nomaden auf der Kulturstufe von Jägern und Sammlern, haben natürlich keinerlei Vorrichtungen zum Wassersammeln. Sie sind auf die spärlichen Reserven, die ihnen die Natur bietet, angewiesen, um sich vor dem Verdursten zu retten. Dazu gehört eine Baumart, die einen dicken Stamm hat, den drei Männer mit ausgestreckten Armen kaum umspannen können. In diesem Stamm sammelt sich in der Regenzeit Wasser an, das durch Zellstoff-Fasern wie in einem Schwamm gespeichert wird. Die Indianer hacken kleine Fenster in den Stamm, ziehen mit den Händen die nasse Masse heraus und saugen sie aus, und so überleben sie, wenn sie Glück haben. Der Baum heißt auf Spanisch Palo borracho, was auf deutsch betrunkenes Holz heißt. Die Mennoniten nennen ihn Flaschenbaum oder in ihrem Plattdeutsch Bottlboom.

An unserer Oberschule war ein rußlanddeutscher, in Kanada naturalisierter Lehrer tätig, der bei einer Größe von einszweiundneunzig dreihundertvierzig englische Pfund, also etwa 160 Kilo wog. Wie in den alten Zeiten in Rußland in den Mennonitenkolonien war er Lehrer und Prediger in Personalunion. Er hatte eine so gewaltige Stimme, daß man ihn nicht nur in der großen Kirche bis auf den letzten Platz wie mit Lautsprecherübertragung hörte, sondern daß wir seine Predigten auch Wort für Wort verstehen konnten, wenn wir, anstatt in die Kirche zu gehen, zu Hause blieben und die Fenster offen ließen, und dabei war unser Haus mindestens fünfzig Meter von der Kirche entfernt.

Diesem Riesen mit seinem enormen Leibesumfang hatten unsere Indianer, die ja Plattdeutsch sprachen, den Namen Bottlboom gegeben.

Lehrer Bottlboom trug das ganze Jahr über, auch bei größter Hitze, Unterwäsche, die wir in meiner Jugend als »Leib und Seel« bezeichneten, also ein Wäschestück, das den ganzen Körper von den Hand- bis zu den Fußgelenken einhüllte und aus einem Stück bestand. Er dachte sich wohl, was gegen die Kälte gut sei, müsse auch gegen die Hitze gut sein, also den

Schweiß aufsaugen, der bei ihm infolge seines enormen Gewichtes in Strömen floß. Natürlich wollte Frau Bottlboom nicht, daß die Schüler, die im Internat auf dem gleichen Schulhof wohnten wie die Lehrer, dieses Wäschestück auf der Wäscheleine sähen, um sich darüber lustig zu machen. Und so wusch sie es abends und hängte es auf, wenn die Schüler, oder wie ihr Mann sie zu nennen pflegte »die lieben Kläinen«, alle im Bett waren. Wenn wir dann abends über den Schulhof gingen, um befreundete Lehrer zu besuchen, blies der ewige Chacowind in die »Leib und Seel« und blähte sie auf wie eine Michelin-Autoreifenreklame. Dann ging mir immer das Gedicht von Christian Morgenstern durch den Sinn:

> »Siehst du das einsame Hemmed, flatterati, flatterata
> Es flattert und knattert im Winde, windurudu,
>   windurudei,
> es weint wie ein kleines Kinde, windurudu, windurudei,
> das ist das einsame Hemmed.«

Wenn seine Schüler besonders brav und fleißig waren, dann hatten sie seiner Meinung nach auch eine Belohnung verdient.

»Komm mal mit, mäin Kläiner«, winkte er mit dem Zeigefinger. Er nahm den so Ausgezeichneten mit ins Lehrerzimmer. Dort zog er seine Pantoffeln – er trug grundsätzlich nur Pantoffeln, auf Platt Schlorren genannt – aus und zeigte dem braven Schüler seine sechs Zehen an jedem Fuß! »Nun, hast du schon mal so etwas gesehen, einen Menschen mit zwölf Zehen?« fragte er, und er fand, daß dies doch eine großartige Belohnung sei. Der Schüler sollte aber ja nichts verraten, denn sonst sei es für die anderen ja keine Überraschung mehr.

In einem Jahr hatten sich fast alle Lehrkräfte der Oberschule um ein Stipendium zur Weiterbildung in Deutschland, der Schweiz, USA, Kanada oder Holland beworben, ohne sich vorher abzusprechen oder die Schulleitung oder die Kolonieverwaltung in Kenntnis zu setzen. Sie brauchten das auch nicht, denn die Lehrer wurden immer nur für ein Jahr »gemietet«, entweder vom Dorf oder von der Kolonieleitung. War man mit ihnen zufrieden, mietete man sie für ein weiteres Jahr. Sagte am Schuljahresende niemand etwas, dann bedeutete das automatisch die Kündigung, und der betreffende Lehrer oder die Lehrerin mußten sich selber um einen – mündlichen – »Mietvertrag« fürs nächste Schuljahr kümmern. Für die dreimonatigen Sommerferien gab es selbstverständlich auch kein Gehalt, denn die Siedler sagten sich, wozu einen Menschen fürs Nichtstun bezahlen, wo sie selber doch auch das ganze Jahr über auf ihrer Farm arbeiten mußten. Genau so wenig gab es eine Altersversorgung, denn die hatte der Siedler ja auch nur durch das, was er sich im Laufe seines Lebens erarbeitet hatte, oder aber durch seine Kinder, die er großgezogen hatte. Das alles klingt hart, aber es war das Gesetz der Urwald-Pioniere. Heute ist das natürlich alles anders, seit die Kolonisten zu Wohlstand gelangt sind, aber zu meiner Zeit war es eben noch so. Was niemand erwarten konnte, traf ein: Fast alle Stipendienbewerber bekamen eine Zusage! Keiner wollte sich natürlich diese einmalige Chance entgehen lassen. Nun war auf einmal guter Rat teuer: Eine Oberschule ohne Lehrkräfte, oder höchstens zwei oder drei? Alles Zureden der Kolonieleitung, doch nicht alle auf einmal wegzugehen, half nichts. Sie biß auf Granit. Das Gesetz der Wildnis rächte sich jetzt an ihnen selber. Es blieb kaum ein anderer Ausweg, als die Schule mindestens für ein Jahr zu schließen. Das wäre aber für die Schüler dieses letzten Jahrganges das Aus ihrer schulischen Laufbahn gewesen, denn nach einem Jahr Pause hätten die meisten Siedler ihre Kinder nicht mehr auf die höhere Schule geschickt. Nun war guter Rat teuer. Die Kolonieleitung in Person des Oberschulzen – was bei uns einem Landrat entspricht – und Lehrer Bottlboom traten an uns heran, ob wir, meine Frau und ich, nicht für ein Jahr aushilfsweise unterrichten könnten.

»Aber wir sind doch gar keine Lehrer«, sagten wir. »Wir haben das Unterrichten nie gelernt.« Ich war Doktor, Erika war

Fürsorgerin gewesen. »Aber Sie haben doch beide so viel studiert«, meinte der Oberschulze, »irgend etwas werden Sie doch den Kindern beibringen können.« »Haben Sie denn Lehr- oder Stoffpläne, nach denen wir uns richten können?« »Ach, wozu denn so was?« meinte Lehrer Bottlboom, »unterrichten Sie den Kindern irgend etwas, Hauptsache ist doch, die lieben Kläinen lärnen etwas!«

So beratschlagten wir denn, welche Fächer wir am besten übernehmen könnten. Ich natürlich diejenigen, mit denen ich mich beim Studium beschäftigt hatte, denn von der Schulzeit hatte ich nicht viel behalten. Ich war auch nie ein besonders guter Schüler gewesen, außer in Deutschaufsatz. Ich übernahm also Botanik, Zoologie, Anatomie, Hygiene, und Erika würde Deutsch, Geschichte, Literatur- und Kunstgeschichte übernehmen, alles Fächer, für die sie auf ihrem Gymnasium hervorragende Lehrer gehabt hatte. Die einzige Lehrerin, die geblieben war, unterrichtete in ihren Fächern Mathematik, Physik und Chemie, sowie Kunsterziehung und Handarbeiten, was ihre Hobbies waren. Lehrer Bottlboom unterrichtete die gleichen Fächer wie bisher, nämlich Religion und Mennonitengeschichte. Angst, mit den Schülern nicht fertigzuwerden, hatten wir absolut nicht. Die Kinder der Mennoniten sind so wohlerzogen, daß es überhaupt keine disziplinarischen Schwierigkeiten gibt. Viele von ihnen redeten ihre Eltern noch mit Sie an wie in alten Zeiten, und es mutete unsereinen merkwürdig an, wenn so ein blonder Zweimeterhüne bei Tisch sagte: »Papa, erlauben Sie, daß ich aufstehe?«

Während ich meine Fächer noch vom Studium her fast ohne Vorbereitung unterrichten konnte, hatte Erika für die ihren viele Stunden, oft bis Mitternacht, zu opfern, und das neben ihren Kindern, der Mithilfe im Krankenhaus und dem ganzen Haushalt.

Ein kleines unerwartetes Problem gab es, als Erika zum erstenmal zum Unterricht in die Schule kam und bei der Affenhitze ein ärmelloses Kleid trug – nicht etwa mit Trägern, o nein, beileibe nicht! Lehrer Bottlboom blickte sie mit gerunzelter Stirn an und sagte verweisend: »Ach, Schwäster Dollinger, mächten Sie nicht nach Hause gehen und ein aanständjes Kläid anziehen, sooo können Sie doch nicht gut vor den Schielern rumlaufen!«

Eines Tages blamierten wir uns fürchterlich durch eine Taktlosigkeit, die uns noch viele Jahre danach die Schamröte ins Gesicht trieb. Der riesige Bottlboom, schon Mitte sechzig, kam eines Tages mit Trauermiene ins Lehrerzimmer und sagte: »Kinder, seit heute bin ich äine Waise!« Wir wußten uns keinen rechten Vers darauf zu machen, was er damit meinte, aber als wir den glatzköpfigen, dreihundertvierzig Pfund schweren und 1,92 m großen Hünen ansahen und uns darunter ein Waisenknäblein vorstellen sollten, wars mit unserer Selbstbeherrschung vorbei und wir brachen alle drei in schallendes Gelächter aus, wir beide und die Mathelehrerin. Erst jetzt erfuhren wir, daß in Kanada seine Mutter im Alter von 93 Jahren gestorben war, und daß die Nachricht ihn soeben erreicht hatte. Natürlich entschuldigten wir uns sehr und kondolierten ihm, aber die Situation war doch sehr makaber gewesen.

Trotzdem verband uns mit Lehrer Bottlboom eine Freundschaft bis zu seinem Tode. Als er längst wieder in Kanada und wir in Europa waren, schrieben wir uns immer noch, und er nahm an unserem Ergehen und der Entwicklung unserer Kinder regen Anteil.

Das Araberblut

Mich wunderte in den ersten Jahren im paraguayischen Busch immer, warum die Leute alle mit Pferdefuhrwerken, sogenannten Buggies, großrädrigen Federwägelchen, fuhren, anstatt zu reiten. Schließlich lebten wir doch im »wilden Westen«, und da hätte ich Reiten viel zünftiger gefunden. Aber unsere Siedler sagten auf meine Frage: »Ja, früher, in den ersten Siedlerjahren, sind wir auch geritten, aber da hatten wir auch noch keine Wege. Warum soll man aber reiten, wenn man viel bequemer fahren und auch noch Gepäck mitnehmen kann?«

Ich aber wollte mir den Spaß nicht nehmen lassen und wenigstens einmal zünftig zu Pferd durch den Busch reiten. Elfriede, die Tochter meines Freundes Wilhelm, die während des Schuljahres bei uns wohnte, da sie in Filadelfia das Lehrerseminar besuchte, und deren Eltern in der Kolonie Neuland, 37 km von uns entfernt, wohnten, war eine gute Reiterin. Sie war ja im Busch aufgewachsen. Die meinte: »Onkel Dollinger, wenn du zwei gute Pferde auftreiben kannst, reite ich gern mit dir zusammen einmal rüber zu meinen Eltern.«

Pferde gab es im Chaco mehr als genug, aber ob die zum Reiten abgerichtet waren, war eine andere Frage, und noch eine Frage war, ob ich ein Reitpferd reiten könnte. Immerhin waren seit dem Weltkrieg, wo ich als Truppenarzt neben der marschierenden Truppe hatte herreiten müssen, einige Jährchen vergangen. Ein Freund bot mir sein Pferd für das Unternehmen an. »Taugt die Zosse auch was?« fragte ich ihn, und er meinte beleidigt: »Erlauben Sie mal, Herr Doktor, das ist ein Araberblut! Sie können froh sein, wenn Sie das überhaupt reiten können!«

Elfriede und ich zogen also am Samstagmorgen ganz früh los, um nicht in die ärgste Hitze zu kommen, und Elfriedes bescheidener Klepper trabte ganz vergnügt vor sich hin, ohne zu mucken und zu zucken. Nicht so mein Araberblut! Das hatte die Reiterei schon bald satt und blieb, als es heißer wurde, einfach stehen! Ich gab ihm die Sporen und die Peitsche, da machte es wieder ein paar Schrittchen und blieb wieder stehen. Da half kein Hüah! und kein Hott! es wollte einfach nicht. Als ich wieder die Peitsche brauchte, dachte es sich einen raffinierten Trick aus: Es knickte ganz einfach mit den Vorderbeinen ein, streckte den Hals lang und ich rutschte wie auf einer schiefen Ebene einfach auf die Erde. Als es mich los war, richtete es sich auf und schickte sich an, nach Hause zurückzukehren. Ich rannte in der mörderischen Hitze hinterher, und als ich es atemlos eingeholt hatte und zur Umkehr gezwungen, saß ich wieder auf und unser Zweikampf ging von neuem los. »Du blödes Mistvieh«, schimpfte ich lautstark, »du willst ein Araberblut sein? Eine miese alte Zosse bist du, weiter nichts! Los, auf geht's! Hüah! Hott!« Sporen und Peitsche halfen nichts, die Zosse wollte nicht! Also versuchte Elfriede statt meiner die Zügel zu nehmen und das Mistvieh hinter sich herzuziehen, weil sie annahm, sein Stolz würde es nicht zulassen, nur so hinter ihrem alten bescheidenen Klepper herzutrotten. So ging es wieder eine Weile, bis es seinen Trick wieder anwandte, den mit dem Einknicken und Halslangstrecken, und ich wiederum auf der Straße saß. Mittlerweile stand die Sonne hoch am Himmel und brannte unbarmherzig auf uns nieder, denn der Busch spendet bekanntlich keinen Schatten. Zu Trinken hatten wir nichts mit, und so klebte uns die Zunge bald am Gaumen. Die armen Kreaturen waren natürlich nicht besser dran als wir, und ihre Lust, fröhlich fortzutraben, wurde immer geringer. Wie so ein Araberblut das allerdings in der arabischen Wüste aushält, ist mir bis heute unklar.

Irgendwie gelangten wir aber dann doch noch ans Ziel, wenn auch viele Stunden später als erwartet. Erika und unsere Freunde Dr. Rakkos hatten sich telefonisch befragt, wo wir blieben und sie machten sich große Sorgen um uns. Ob uns vielleicht wilde Tiere angefallen hatten? Ob es einen Reiterunfall gegeben hatte? Als wir ankamen, war ich so ausgetrocknet wie eine dürre Hutzel. Erst, als ich einen ganzen Krug voller Zitronensaft ausgetrunken hatte, ging ich wieder auf wie ein ausgetrockneter Schwamm.

Den Heimweg traute ich mir auf dem Araberblut nicht mehr zu. Wir fuhren mit dem Fuhrwerk, wie alle Siedler auch, und banden es hinten an, wo es lustig und fidel mittrabte.

Das war mein erster, aber auch mein letzter Ritt, so lange ich im Busch lebte, und das waren dreizehn Jahre.

Das Wasserclo

Bei unserer Ankunft im Busch bezogen wir unseren kleinen Bungalow, und auf der Suche nach der »Gelegenheit« fanden wir im Garten, schamhaft hinter drei Palmen versteckt, das berühmte Häuschen – auf Plattdeutsch »Hiestje« – mit dem Herzchen in der Tür, genau wie daheim im Gebirge auf der Almhütte. Mir mißfiel das von Anfang an und ich erklärte Erika: »Das mache ich nicht lange mit, da muß ein WC her, schließlich bin ich ein zivilisierter Mitteleuropäer!«

Erika spottete: »Ein schöner Missionar bist du, beim Clo hört scheint's die Mission auf!«

Nun, man war entgegenkommend, und wenn der neue Doktor sich so was wünscht, so wird's eben gemacht! Nur, niemand kennt sich aus, keiner hat so etwas gesehen, geschweige denn eingebaut. Ich lasse mir also aus der Hauptstadt Asunción Beschreibungen kommen, aus denen zu ersehen ist, wie man eine Sicker- und Klärgrube anlegt, ein Gasabzugsrohr, und wie man die Sache installiert. Alles Zubehör wird in der Hauptstadt bestellt, und alles wird nach Vorschrift angelegt und installiert: Das erste WC im Busch, welch ein Fortschritt! Wir lassen sogar noch ein Porzellanwaschbecken installieren, und auf geht's mit der Hygiene!

Nur, was wir Anfänger nicht gewußt hatten und womit wir nicht rechnen konnten, war die Tatsache, daß das Wasser die meiste Zeit im Jahr so knapp war, daß es kaum zum Waschen und Duschen, geschweige denn für einen solchen Luxus wie ein WC reichte. Wir mußten in der sommerlichen Regenzeit das Wasser von den Dächern in Zisternen unter der Erde sammeln und das kostbare Naß so einteilen, daß es für die fünf- bis sechsmonatige Trockenzeit ausreichte. Im September oder Oktober, bevor die Sommerregen einsetzten, waren die Zisternen meist leer und wir mußten das Wasser eimerweise von Jungen kaufen, die mit Fässern in den Busch fuhren, nach Tümpeln suchten und das durch ein Stück Sackleinwand gesiebte Puddelwasser auf den Straßen verkauften.

Was soll unter solchen Umständen ein Wasserclo? Schon bald hatten wir es stillgelegt und stillschweigend unser Hiestje wieder benutzt. Erika war dafür, es herauszureißen, ich war für Drinlassen. Denn wenn es auch nur eine Zierde war, was hätte das Herausreißen schon geholfen? Wir beschlossen also, da wir ziemlich viel Besuch bekamen, in Zukunft gewöhnliche Sterbliche aufs Hiestje gehen zu lassen, während wir für Besucher vom Minister oder Botschafter an aufwärts bis zum Landespräsidenten das Wasser fürs WC zu opfern bereit waren.

Diese Regelung klappte auch ganz gut, bis wieder einmal ein Sonderflugzeug mit der deutschen Botschaft aus Asunción angekündigt war: Botschafter mit Gattin, einige Legationsräte, der Botschaftskanzler samt einigen subalternen Angestellten, denn es war üblich, daß jeder neu herversetzte Botschafter sich einmal die deutschen Kolonien im Busch ansah.

Da es natürlich kein Hotel gab, wurden die hohen Gäste beim Doktor einquartiert, wir hatten eigens dafür ein kleines Gästehaus. Erika führte sie zu ihren Quartieren, und als sie dem Botschafter – samt Gattin – unser »Bad« zeigen wollte, meinte der mit einer höflichen Verbeugung: »Verzeihung, gnädige Frau, ich bin noch nicht zum Botschafter ernannt, bis jetzt bin ich nur Legationsrat erster Klasse. Ich muß also noch da hinten hinter die drei Palmen gehen!«

Auf unsere verdutzten Gesichter brach die ganze Mannschaft in ein schallendes Gelächter aus, und es stellte sich heraus, daß es in Asunción allgemein bekannt war, da draußen im Busch lebe ein deutscher Konsul, der zwei Clos hat, ein Plumpsclo für gewöhnliche Sterbliche und ein WC für Besucher vom Botschafter an aufwärts. Daher hatten sie sich alle diesen Spaß aufgespart und waren gespannt, was für Gesichter wir machen würden!

Vom Zehntengeben

Wer volle Kirchen sehen will, muß nach Afrika gehen. Dort sind die Kirchen nicht nur bis auf den letzten Platz besetzt, sondern im Mittelgang sitzen die Leute auf dem Boden, auf den Fenstersimsen sitzen die Jugendlichen und lassen die Beine herunterbaumeln, und auf den Altarstufen sitzen dichtgedrängt die Kleinkinder. Nicht genug damit, es müssen meistens zwei bis drei Gottesdienste abgehalten werden, damit alle dabeisein können. Was auch immer die Gründe sein mögen für diesen überaus regen Kirchenbesuch, ich will es nicht untersuchen, ich schildere nur die Tatsache.

In einer solchen überfüllten Kirche in Nigeria predigt der Pfarrer am Sonntag über das Zehntengeben.

»Mit anderen Worten, liebe Geschwister«, sagt er, »mit anderen Worten heißt das, wenn ihr kein Geld habt, aber zehn Ziegen, dann muß eine davon auf dem Altar geopfert werden. Oder wenn ihr zwanzig Schafe habt, dann müssen zwei für Gottes Reich sein! Wenn ihr dreißig Säcke Hirse geerntet habt, dann müssen drei für Gott sein.« So anschaulich belehrt, pilgern die Kirchgänger ihren drei- bis vierstündigen Fußweg wieder nach Hause.

Am nächsten Sonntag kommt ein altes Weiblein, sie ist im Krankenhaus als Putzfrau angestellt, mit vier an den Füßen zusammengebundenen Gockeln – lebenden, versteht sich –, legt die vor dem Altar nieder und setzt sich auf ihren Platz. Das Federvieh, ganz erschrocken über die vielen Menschen, verhält sich anfangs ganz mucksmäuschenstill.

Dann predigt der Pfarrer über Hiob. Er erzählt, wie die drei Freunde Hiobs mit Namen Elifas, Bildad und Zofar zu Hiob kommen und mit ihm rechten.

»Und Elifas sagte zu Hiob:...«

»Kikerikiii«, schreit der erste Hahn, so laut er kann. Die Gemeinde schmunzelt, ein paar Kinder kichern. Die Predigt geht weiter. »Und Hiob sprach zu seinem Freund Bildad:...«

»Kikerikiii«, schreit der zweite Hahn. Das Schmunzeln der

Gemeinde wird zum Lachen. Als alles sich wieder beruhigt hat, geht die Predigt weiter.

»Da sprach Zofar zu seinem Freund Hiob:....«

»Kikerikiii, Kikerikiii, Kikerikiii, Kikerikiii«, schreien jetzt alle vier Hähne auf einmal. Nun ist es mit der Selbstbeherrschung zu Ende. Ein tobendes Gelächter und Schreien setzt ein, von dem die Wände der Kirche wackeln. Und da Gelächter bekanntlich ansteckend wirkt, hört es gar nicht mehr auf. Immer neue Lachsalven brechen los, die Leute klopfen sich auf die Schenkel, und der Jubel will kein Ende nehmen. Als schließlich allen die Bäuche weh tun und keiner mehr lachen kann, schreit der Pfarrer verärgert: »Was soll denn das überhaupt heißen? Wer hat diese Viecher hierhergelegt?« Das alte, kleine, pechrabenschwarze Weiblein kommt nach vorn und sagt: »Du hast letzten Sonntag über das Zehntengeben gepredigt und gesagt, wer zehn Ziegen habe, müsse eine davon auf den Altar des Herrn legen. Nun, ich habe vierzig Eier ausbrüten lassen. Von den Küken waren zehn Gockler, und da ich so viele für die paar Hühner nicht brauche, habe ich vier davon, also den Zehnten, hierhergebracht und vor den Altar gelegt. War das nicht richtig? Oder habe ich dich falsch verstanden?«

Die Gemeinde ist betroffen, daß es eine von ihnen so wörtlich genommen hat und daß man noch über sie gelacht hat.

Der Pfarrer lobt sie, aber da nach all dem Gelächter nicht mehr an eine Andacht zu denken war, haben wir noch einen Choral gesungen und sind froh nach Hause gegangen.

Das Brotbrettchen

Wie oft können winzig kleine, ganz unbedeutende Geschenke einen an ihren Geber erinnern!

Einmal hatte ich eine Patientin, die schwer an Zuckerkrankheit litt. Was immer ich auch mit ihr anstellte, ich bekam sie nicht eingestellt. Alle Therapieversuche scheiterten an ihrer mangelnden Einsicht. »Hören Sie«, sagte ich, »der Diabetiker muß oft essen, verstehen Sie, oft! Das ist genau so wichtig, ja noch wichtiger, als die Diät, mag sie noch so sorgfältig ausgearbeitet und eingehalten sein.«

»Nein«, sagte sie jedesmal, »ich esse grundsätzlich nur zweimal am Tage, dafür dann aber auch richtig und herzhaft!«

Sie war unmäßig dick, fett müßte man besser sagen. Sie war fast so dick wie lang, denn sie war eine winzig kleine Person. Mit ihren leuchtend roten, prallen Bäckchen, ihren tief drinnen liegenden Äuglein erinnerte sie mich immer – man verzeihe es mir – an ein kleines Sparschweinchen.

Sie war eine große Vogelliebhaberin und hatte unzählige Wellensittiche und Kanarienvögel, die sie selber züchtete und verkaufte. Das war ein Gezirpe und Getriller, daß man oft sein eigenes Wort nicht verstand, geschweige noch den Blutdruck messen und das Herz abhorchen konnte. Aber Spaß machte es auch mir, zuzuschauen, wenn die jungen Vögelchen aus dem Ei schlüpften. Zu all den kleinen Vögeln hatte sie obendrein noch einen Papagei, und sie erzählte mir immerzu, was der alles sprechen könne. Da er aber grundsätzlich nichts von sich gab, wenn ich da war und es hören wollte, zog ich sie immer auf und sagte: »Ach Sie, gehen Sie, Sie können mir viel erzählen! Soll er doch mal was sagen, dann glaube ich es Ihnen, aber so?« Was immer sie anstellte, um das sture Vieh zum Sprechen zu bringen, es weigerte sich standhaft, auch nur einen Laut von sich zu geben, wenn ich da war. Sie ärgerte sich, ich lachte. Eines Tages kam sie auf eine Idee. Sie kaufte sich ein Aufnahmegerät und nahm die Sprüche ihres Koko aufs Tonband, um es mir bei meinem nächsten Besuch voller Stolz vorzuführen! »Na, was sagen Sie nu? Hab' ich gelogen oder nicht?«

Ich aber meinte ganz niederträchtig: »Ph, ein Tonband, das kann man sich ja irgendwo kaufen. Woher soll ich denn wissen, daß das Ihr Koko gesagt hat?« Aber, obwohl ich sie so oft ärgerte, wenn auch nur im Spaß, so hing sie doch sehr an mir und war rührend dankbar, daß ich mich so viel um sie kümmerte.

Bei einem meiner Besuche sagte sie: »Herr Doktor, Sie haben mir schon so viel Gutes getan, ich möchte Ihnen auch einmal eine Freude machen.« Sie überreichte mir ein Brotbrettchen in Form eines Mastschweinchens, das ihr selber aufs Haar glich. »Wenn Sie von diesem Brettchen essen, dann sollen Sie immer an mich denken«, meinte sie. Ich mußte mich beherrschen, um nicht laut hinauszulachen, weil es mir doch zu komisch vorkam, daß sie ausgerechnet ein Geschenk gewählt hatte, das ihr so sehr glich. Aber sie war sich dessen überhaupt nicht bewußt.

Sie wurde so krank, daß sie sich nicht mehr alleine versorgen konnte, und so kam sie in ein Pflegeheim, wo sie nach einiger Zeit verstarb.

Nun ist sie schon viele Jahre tot, ich selber bin alt geworden. Aber ich esse Tag für Tag mein Nachtessen von diesem Brettchen, und, ob man es glaubt oder nicht, ich denke dabei tatsächlich an sie, so wie sie es sich gewünscht hatte!

Das Wunschkonzert

Bei meinen Hausbesuchen komme ich zu einer fünfundachtzigjährigen Frau, die zwar nicht gerade krank, aber doch schon recht hinfällig ist.

Ihr Mann war für uns alle, vielleicht auch für sie, daß weiß ich nicht, eine rechte Nervensäge gewesen. Er konnte den Arzt zu jeder beliebigen Tag- und Nachtzeit zu seiner Frau rufen und tat dabei immer so, als ob sie kurz vor dem Abscheiden sei. Am schlimmsten war es, wenn wir die Sprechstunde gerammelt voll hatten. Dann sagten meine Helferinnen gewöhnlich, der Doktor habe jetzt so viele Patienten, daß er nicht sofort kommen könne, und daß es eine Weile dauern könne. Kam man dann zur Haustür herein, dann überfiel er einen mit einer Flut von Vorwürfen: »Is ja unerhöööört, wie lang das bei

Eahne dauert, da ka jo oaner krepiern, bis Sö kemman«, schrie er in seiner sudetendeutschen Mundart. Untersuchte man dann die Patientin, dann war meistens alles blinder Alarm gewesen. Aber wie das oft so ist, die immerzu kränkelnde Frau überlebte, der gesundheitsstrotzende Mann starb ganz plötzlich. Und nun begann für die Frau ein ganz neues Leben, so daß ich oft an den Spruch erinnert wurde: »Guten Tag, Frau Müller, wie geht's denn?« »Ha, danke, seit mein Mann tot ist, geht mir's gut!«

Sie lebte förmlich auf, war gesund und putzmunter und brauchte Jahr und Tag keinen Doktor mehr. Ich bekam sie erst wieder zu sehen, als sie dann alt und hinfällig wurde.

Da bemerkte ich bei einem Besuch eine Mundharmonika auf ihrem Nachttisch. Ich fragte sie, wer denn da spiele? »Ha, i nadierlich«, war die Antwort. »Soll i Ihne emol ebbes vorspiele?«

»Ja, gern.« »Was soll ich denn spielen?« »Ich weiß doch nicht, was Sie können.« »Also, dann spiel' ich jetzt ›Im schönsten Wiesengrunde‹.« Das ist bei uns hier so eine Art Nationalhymne, denn der Dichter dieses Liedes, ein Schullehrer, war hier in einem Nachbardorf beheimatet gewesen, wir leben also wirklich in diesem schönsten Wiesengrunde. Die alte Frau fing an zu spielen, ihre Nichte, bei der sie lebte, und ich sangen zweistimmig dazu. Dann kam »Am Brunnen vor dem Tore«, »Das Wandern ist des Müllers Lust«, und wenn ihr auch schier die Puste ausging beim Spielen, sie spielte weiter.

»Jetzt muß ich aber wirklich gehen«, sagte ich, »meine anderen Patienten warten auch schon.«

Jetzt wurde es Tradition, daß ich bei jedem Besuch ein Wunschkonzert bekam, und was ich auch immer vorschlug, sie konnte alles auswendig spielen. Wie ein Schneekönig freute sie sich auf jeden Doktorbesuch, und ich nahm mir immer ein wenig mehr Zeit für sie, als sonst für einen Hausbesuch vorgesehen, denn ich freute mich selber auf dieses kleine Wunschkonzert.

Eines Abends klingelt es an der Haustür, nicht an der Praxis. Eine Bauersfrau mit einem dicken Paket unter dem Arm steht, begleitet von ihrem Ehemann, draußen.

»Ich komme nicht als Patient«, meint sie, »hätten Sie privat ein bißchen Zeit für mich?«

»Sicher«, sage ich, »bitte, kommen Sie herein. Worum geht es denn?«

»Nun, Sie haben ja sicher schon davon gehört, daß so viele Leute zu mir mit Leiden und Gebrechen kommen, und daß ich sie mit Magnetismus heile.«

Ja, allerdings hatte ich davon gehört. Die Patienten strömten in Scharen in das Nachbardorf, wo die Frau mit ihrem Mann und den Kindern einen kleinen Bauernhof bewirtschaftete, von dem sie bis dahin schlecht und recht gelebt hatten. Wir hatten in der Sprechstunde den Patientenrückgang zu spüren bekommen, und wenn die Patienten nicht ihre Krankmeldung für den Betrieb gebraucht oder kleine Operationen oder Krankenhauseinweisungen nötig gehabt hätten, wäre es bald schlimm um unsere Praxis bestellt gewesen. Immer schon hatte ich mich gewundert, wie die einfache Bauersfrau, die ich schon lange kannte, dazu gekommen war, sich als Heilerin zu betätigen. Nun war sie selber gekommen, um es mir zu erzählen.

»Mein Mann hatte so starke Kreuzschmerzen«, sagte sie, »und nichts wollte helfen. Da fiel mir von irgendwoher dieses Buch in die Hände« – und dabei packte sie aus einem alten Kopfkissenbezug einen alten, vergilbten Schmöker im Großformat aus, ein ›Doktorbuch‹ –, »ich begann darin zu lesen, und ich stieß dabei auf das Kapitel Magnetismus. Gewisse Menschen, hieß es da, hätten die Gabe, mit ihren Händen Krankheiten aus dem Körper der Menschen zu ziehen und ohne jede Arznei zu heilen. ›Warum probierst du es nicht einmal‹, dachte ich bei mir, ›vielleicht hast du diese Gabe, wer weiß?‹ So füllte ich denn, wie es vorgeschrieben war, ein Einmachglas mit Wasser aus der Leitung, hielt meine Hände darüber und betete (was zwar nicht in dem Buch vorgeschrieben war, aber ich wollte mich ja nicht versündigen). Dann begann ich, wie angegeben, langsam mit beiden Händen in einem Abstand von etwa zehn Zentimetern am Rücken meines Mannes entlangzustreichen – sehen Sie, so – und jedesmal meine Hände kräftig auszuschlenkern, um so die herausgezogenen Krankheitsstoffe wegzuschütteln. Und was meinen Sie? Meinem Mann ging es zusehends besser! ›Also hat Gott dir diese Gabe verliehen‹, dachte ich, ›da wäre es doch eine Sünde, wenn ich sie meinen leidenden Mitmenschen nicht zugute kommen lassen würde!‹ Ich erzählte es unseren Nachbarn. Da kamen zuerst die Leute aus unserem Dorf, dann sprach es sich rasch herum, und die Menschen kamen von immer weiter her. Zuletzt strömten und strömten sie nur so, ich konnte die viele Arbeit kaum noch bewältigen und mußte meine Arbeit auf dem Hof ganz vernachlässigen. Immer, wenn ich einen neuen Patienten vornahm, fragte ich ihn, ob er Frieden mit Gott gemacht habe, ob er Zank und Streit mit jemandem habe, denn ich könne nur Menschen heilen, bei denen alles in Ordnung sei. Dann betete ich zuerst mit dem Patienten, danach begann ich mit meiner Behandlung. Oft mußte ich diese abbrechen, weil ich kein Ziehen in meinen Händen spürte. Dann sagte ich: ›Du hast mich angelogen, bei dir stimmt etwas nicht, ich spüre kein Ziehen in meinen Händen – geh heim und bringe deine Angelegenheiten in Ordnung, dann kannst du wiederkommen.‹

Und jetzt, Herr Doktor, wissen Sie, was jetzt passiert ist? Eine Frau hat ein Gerücht über mich in Umlauf gesetzt, ich sei mit dämonischen Mächten im Bunde, und wer ein Christ sei, dürfe zu mir nicht gehen, sonst sei er ebenfalls den dämonischen Mächten verfallen! Jetzt weiß ich aber, daß Sie ein Gotteskind sind, und da wollte ich Sie um Ihre Meinung fragen: Ist es recht, was ich tue, oder ist es Sünde? Sehen Sie, Herr Doktor, ich will Ihnen ja gar keine Konkurrenz machen, ich will nur da helfen, wo Ihre Kunst versagt!«

»Kennen Sie die Geschichte vom alten Gamaliel in Apostelge-schichte 5, 34–39?« fragte ich sie. »Er hat damals zum Prie-sterrat gesagt: ›Ist diese Sache von Menschen, dann wird sie zugrunde gehen, ist sie aber von Gott, dann können wir sie nicht dämpfen.‹ Genau so sage ich jetzt auch zu Ihnen. Mir soll's recht sein, wenn Sie *den* Menschen helfen, denen ich nicht helfen kann. Zum Leben langt's bei mir immer noch, egal wieviele Leute zu Ihnen gehen. Jetzt habe ich mal ein paar ruhigere Wochen gehabt, das hat mir auch gut getan. Warten wir's also ab, ob Ihre Heilungen von Dauer sind, oder nur ein Kurzerfolg. Verbleiben wir so: Ich bin Ihnen nicht böse, und Sie sind mir nicht böse! Auf Wiedersehen!«

Wir schieden freundschaftlich. Nach ein paar Wochen war der ganze Spuk aus, die Frau hat wieder brav ihren Bauernhof bewirtschaftet, und unsere Sprechstunde war wieder voll wie eh und je.

Die Reichsnervensäge

Meine Praxis im Schwarzwald wäre nie so groß geworden, wenn es nicht die vielen ausländischen Gastarbeiter gäbe. Un-ser Dorf ist längst kein Bauerndorf mehr. Es ist ein Industrie-dorf, obwohl das ganze Industriegebiet, vom Ort aus unsicht-bar, hinter einem Berg liegt. Kaum hatte ich mich hier nieder-gelassen, so hatte es sich herumgesprochen, daß ich mehrere Sprachen spreche, und so strömten die Gastarbeiter von weit und breit hierher. Italiener, Spanier, Portugiesen, Jugosla-wen, Türken, Araber, ein buntes Völkergemisch. Die meisten sind mir lieb und wert wie meine eigenen Landsleute.

Aber wie überall auf der Welt gibt es auch unter ihnen Sym-pathische und Unsympathische. Nicht zufrieden damit, daß ich die Ausländer genau so gut behandle wie meine deutschen Patienten, wollen sie meist noch besser behandelt werden: Nicht warten wie die anderen, außer der Sprechstundenzeit kommen, Nachtbesuche anfordern, Sachen verschrieben haben, die die Kasse nicht bezahlt, immer von mir persönlich, nie von einem meiner Assistenten behandelt werden (der sich ja nicht mit ihnen verständigen kann) kurz – unter meinen deutschen Patienten entsteht manchmal der Eindruck, *sie* wären bei mir Menschen zweiter Klasse.

Unter diesen Ausländern tut sich besonders eine Frau hervor, die sich bei unserem Personal den Beinamen »Die Reichsnervensäge« erworben hat. *Nie* kommt sie zur Sprechstundenzeit, nie meldet sie einen Hausbesuch rechtzeitig an, damit man ihn einplanen kann, *immer* will sie etwas Besonderes haben. Und was noch am allerschlimmsten ist, sie will immerzu krankgeschrieben sein. Macht man ein zweifelndes Gesicht zu ihren Klagen, dann kann sie in ein steinerweichendes Jammern ausbrechen, daß man mitschluchzen möchte, kennte man sie nicht so gut.

»Dottore! Io ne ho dolori da morire! Io no lo faccio più! Oh, Mamma mia, meglio morire che vivere con questi dolori! Perchè debbo vivere si non posso guarire?« (Doktor, ich hab Schmerzen zum Umkommen, ich kann's nicht mehr aushalten! Oh, Mamma, besser sterben als mit solchen Schmerzen leben zu müssen! Warum muß ich überhaupt leben, wenn ich doch nicht gesund werden kann?) Jedesmal wenn man denkt, man sei fertig mit ihr und hat sie zur Tür hinauskomplimentiert, hat schon den nächsten Patienten hereingerufen, kehrt sie noch einmal um und hat etwas vergessen: Hansaplast, das sie aber nie mit dem richtigen Namen »Ceruto« bezeichnet, sondern sie nennt es »questa cosa quando uno si taglia« (das Ding da, wenn einer sich schneidet). Und noch einmal hinaus und noch einmal herein: Gummistrumpfhosen! Und ein drittes Mal: Einen Hüftgürtel! Und dann ist sie schwer beleidigt, wenn man es ihr nicht verschreibt, da man genau weiß, sie will ihre ganze Verwandtschaft daheim in Sizilien damit beglücken. Schließlich wirft man sie endgültig hinaus, was sie aber nicht hindert, es beim nächsten Mal genauso zu machen.

Mein gesamtes Personal, diesmal sogar unterstützt von meiner Frau, tut sich zusammen und bittet um eine Unterredung:

»Herr Doktor, diese Frau tötet uns den letzten Nerv! Unsere Praxis ist so groß, können Sie denn nicht auf diesen einen Krankenschein verzichten und ihr sagen, sie soll zu einem anderen Arzt gehen?«

»Ich war schon oft drauf und dran«, sage ich, »aber dann habe ich mich gefragt: ›wenn nicht mir, wem trampelt sie dann auf den Nerven herum? Habe ich als Christ ein Recht, einen unsympathischen Patienten an einen anderen Kollegen abzuschieben?‹ – wir haben so viele nette Patienten, da müssen wir eben auch ein paar Nervensägen in Kauf nehmen!«

In Eis und Schnee

Der Winter ist der Schrecken des Landarztes.

In einer eisigen Januarnacht, früh um zwei Uhr, klingelt das Telefon: »Herr Doktor, unserem Großvater geht's so schlecht, können Sie nicht herüberkommen?«

Es ist ein Nachbardorf im Schwarzwald, und wenn es frisch geschneit hat, kann man den kurzen Weg von fünf Kilometern gar nicht nehmen, der geht über die Höhen und ist so verweht, daß ein Durchkommen ganz unmöglich ist. Man muß also einige Kilometer weiter fahren, zuerst ins Tal hinunter und dann von unten einen steilen Waldweg wieder hinauf. Der Waldweg ist meist befahrbar, da die Bäume den Schnee etwas abhalten. Dafür ist er um so gefährlicher, da auf der einen Straßenseite der Hang steil abfällt und es keine Leitplanken gibt.

Ich ziehe mir rasch den Trainingsanzug über den Pyjama, das geht am schnellsten, steige in mein eisiges Auto und fahre los. Es hat frisch geschneit, und wie! Der Schneepflug war um diese Zeit natürlich noch nicht da gewesen und so ist es ein mühseliges Fahren. Bald komme ich in einen dichten Nebel, so dicht, daß sogar die Nebellampen höchstens zwei Meter

Sicht freigeben. Ich frage mich: »Was ist, wenn du vom Wege abkommst und im Graben landest oder gar den Steilhang hinunterstürzt? Kein Mensch ist um diese Zeit unterwegs (außer der Landarzt!), der dir heraushelfen könnte. Und wenn du dann versuchen würdest, dein Ziel zu Fuß zu erreichen, hilft dir die Taschenlampe bei diesem Nebel auch nichts. Kommst du vom Wege ab und verirrst dich im Wald, ist es bei dieser klirrenden Kälte um dich geschehen.«

Ich sage: »Lieber Gott, du siehst, daß ich nicht zu meinem Vergnügen unterwegs bin, also bring mich bitte sicher an mein Ziel.« Ich fahre im Zehnkilometertempo und komme schließlich gut an. In einer überheizten Bauernstube liegt im rot-weiß-karierten Bett der alte Bauer und stöhnt vor Schmerzen. Wir Ärzte haben, bevor wir untersuchen, die Angewohnheit, die Anamnese zu erheben, also den Patienten auszufragen, was vorausgegangen ist. Schlachttag war gewesen.

»Was haben Sie denn gegessen?«

»Sauerkraut und Spätzle.«

»Und was dazu?«

»Bloß zwei Blut- und zwei Leberwürste und ein Stück Wellfleisch.«

»Und jetzt tut der Bauch weh?«

»Ja, und wie! Ich halt's nicht mehr aus, helfen Sie mir, Doktor!«

Der Bauch ist prall gespannt. »Ileus?« denke ich (Darmverschluß). Am liebsten hätte ich ihn ins Krankenhaus geschickt. Aber wo ich schon solche Schwierigkeiten gehabt hatte, herüberzukommen, wie sollte da der Krankenwagen aus der Stadt herauskommen? Ich lasse also einen Irrigator, eine Einlaufkanne, bringen, die zufällig vorhanden war, und sie mit warmem Wasser füllen. Zuerst setze ich den Großvater auf einen Stuhl, stecke ihm den Finger in den Rachen und lasse ihn in einen bereitgestellten Eimer hinein kräftig erbrechen. Dann mache ich ihm einen hohen Einlauf, und bald darauf prustet und kracht es hinten hinaus, daß es eine Lust anzuhören ist. Dem Kranken geht's wieder gut, was er mit einem lauten Ahhhhhh ankündigt.

»Ich fahre jetzt nicht mehr nach Hause, ich schlaf' bei Euch auf dem Sofa und fahre erst morgen früh, wenn wieder Leute um den Weg sind«, sage ich.

Das habe ich dann auch getan, und als mir am Morgen das »Doktorsvesper« überreicht wird, nehme ich es mit dem Gefühl, es diesmal redlich verdient zu haben.

Das Doktorsvesper

Eine alte Bauersfrau hatte seit vielen Jahren an Angina pectoris gelitten. Oft hatte ich, wenn sie wieder einen Anfall hatte, ins Nachbardorf hinüberfahren müssen, bei Nacht und Nebel, bei Eis und Schnee, um ihr eine Spritze zu geben.

Auch heute war's wieder so. Ich packe meine Arzttasche aus, untersuche sie und gebe ihr die gleiche Spritze, die ihr immer bald Erleichterung verschafft. Gerade will ich mich verabschieden, als mir die Angehörigen ein Päckchen hinhalten und sagen: »Wir haben heute geschlachtet, vielleicht hat unsere Mutter sich übernommen, obwohl wir ihr immer wieder gesagt haben ›Mutter, schon' dich‹. Aber sie hat es sich nicht nehmen lassen, mitzuhelfen. Und sie hat auch nicht vergessen, Ihnen Ihr Vesper hinzurichten, hier, bitte schön!«

Das traditionelle Doktorsvesper, wenn geschlachtet wird, besteht aus einem Ring Blut-, einem Ring Leberwurst und einem Stück Bauchlampen, wie man bei uns für Wellfleisch sagt.

Ich fahre nach Hause, lege mich ins Bett und bin eben, als meine eiskalten Füße etwas warm geworden waren, eingeschlafen, als das Telefon klingelt: »Herr Doktor, kommen Sie doch ganz schnell, unsere Mutter macht gar nichts mehr...«

Ich springe in die Kleider, ins Auto und rase hinüber. Unterwegs geht es mir durch den Kopf: »Ich werd' ihr doch mit meiner Spritze nicht geschadet haben? Es war doch die gleiche, die ich ihr immer gegeben habe?«

Wie ich ankomme, sehe ich, daß sie tot ist.

»Ist sie nicht mehr aufgewacht, nachdem ich fort war?« frage ich den alten Bauern.

»Doch, doch, zuerst hat sie eine Weile gut geschlafen«, sagt er, »dann ist sie aufgewacht und hat gefragt: ›War der Doktor noch nicht da? Er kommt doch sonst immer so schnell‹. Da hab' ich zu ihr gesagt: ›Doch, Mutter, er war schon lang da und hat Dir eine Spritze gegeben, weißt Du's nicht mehr?‹

Da hat sie gefragt: ›Habt ihr ihm auch sein Vesper gegeben?‹, und ich hab' gesagt: ›Ja, freilich, Mutter, freilich haben wir's ihm gegeben‹, und da hat sie noch einen Schnapper gemacht und aus war's.«

Wir haben uns gefragt, was wir mit den makabren Würsten machen sollen. Wegschmeißen wäre schade gewesen, wo ihnen der letzte Gedanke der Verstorbenen gegolten hatte. Essen wollten wir sie aber auch nicht, weil's so unheimlich war. Nach Jahr und Tag habe ich meine Frau gefragt. »Was ist denn eigentlich aus den makabren Würsten von damals geworden?«

»Die hab' ich in den Tiefkühler getan, und später, als keiner mehr daran dachte, hab' ich sie ins Sauerkraut geschmuggelt. Haben allen fein geschmeckt.«

Etwas zur Stärkung

Meine Frau war eben nach einer Krebsoperation nach Hause gekommen, als ein alter Bauer in die Sprechstunde gestapft kommt. Lang und hager, kantige Gesichtszüge, eine wind- und wettergegerbte Haut, sah er aus wie das Urbild eines Schwarzwaldbauern. Mit seiner sonoren Stimme fragt er: »Herr Doktor, i hab' g'hört, Ihr Frau isch operiert worre, isch des wohr?«

»Ja.«

»Am Krebs, isch des wohr?«

»Ja.«

»Wie geht's ehre denn?«

»Danke, den Umständen entsprechend gut.«

»Also«, und dabei fummelt er mit beiden Händen in den Hosentaschen herum. »Also, do hab i ehre au was mitbrocht... zur Stärkung... daß'se schneller wieder uf d'Fieß kommt...«, und als er endlich die Hände aus den Taschen heraus hat: »Auwe, auwe, jetzt sin se mer au no verkracht!«

Zwei rohe Eier hatte er in den Händen, das Eiweiß begann auf den Boden zu triefen. Schnell schnappte ich mir ein Glas vom Tisch, hielt es darunter und sagte. »Da hinein, da machen wir Rühreier draus! Vielen Dank!«

Meine Frau heute, 27 Jahre danach, noch gesund und munter, meint immer: »Siehst du, die Stärkung hat geholfen!«

Eine Blutung

Wie so oft, war ich wieder einmal nachts unterwegs auf Krankenbesuch. Auf meinem Nachttisch klingelte das Telefon. Meine Frau nahm den Hörer ab und meldete sich.

»Ist der Doktor zu Hause?« hieß es.

»Nein, der ist gerade unterwegs zu einem Nachtbesuch. Worum handelt es sich denn?«

»Er soll schnell kommen, hier ist eine Frau, die hat eine schwere Blutung.«

»Ich weiß aber nicht, wie lange es dauert, bis mein Mann zurück ist. Das Beste wird sein, wenn ich Ihnen den Krankentransport bestelle und Ihre Frau ins Krankenhaus bringen lasse, denn in so einem Fall kann mein Mann ja doch bei Ihnen im Hause nicht viel machen. Wie heißen Sie?«

Nachdem sie alles notiert hatte, rief sie zuerst den Krankentransport an, dann das Krankenhaus, gynäkologische Abteilung. »Ich bin die Frau von Dr. Dollinger, wecken Sie bitte sofort das Operationsteam der Gynä, ich habe eben eine Frau mit einer schweren Blutung eingewiesen. Ich nehme an, sie muß ausgeschabt werden.«

Beim Heimkommen erzählte mir Erika, was sich ereignet hatte und was sie unternommen hatte.

Ich lobte sie: »Bist eine gute Landdoktorsfrau, immer auf Draht und das Richtige getan!«

Nach einer Weile, ich war eben eingeschlafen, klingelt das Telefon wieder. »So, sind Sie endlich zu Hause? Wir warten die ganze Zeit auf Sie, warum kommen Sie denn nicht?«

»Wer spricht denn, was ist los?«

Es stellte sich heraus, daß es noch einmal die gleichen Leute waren, die wegen der Blutung angerufen hatten.

»Hat Ihnen denn meine Frau nicht gesagt, daß sie das Krankenauto bestellt hat? Ist es noch nicht gekommen?«

»Nein, bis jetzt noch nicht, kommen Sie doch bitte ganz schnell!«

Ich ziehe mich also noch einmal an, sause ins Nachbardorf und komme in das bezeichnete Haus: Eine Gastwirtschaft. Ein paar unentwegte Zecher sitzen, längst über die Polizeistunde hinaus, noch da und dreschen Karten, der Wirt dabei.

»Wo ist denn die Patientin?«

»Eben war das Krankenauto da und hat sie ins Krankenhaus gebracht.«

»Aber was haben Sie sich denn eigentlich gedacht? Ich kann doch daheim im Bett keine Fehlgeburt ausschaben! Weshalb haben Sie mich denn da unbedingt hier haben wollen?«

»Fehlgeburt? Wieso Fehlgeburt? Meine Frau hat ein Stück Wurst abschneiden wollen und hat sich dabei in den Daumen geschnitten! Wir, mit unseren Promille im Blut, konnten sie doch nicht zu Ihnen fahren, da dachten wir, es wäre am besten, wenn Sie sie zu sich zum Nähen mitnähmen.«

Was die aufgescheuchten Gynäkologen im Krankenhaus sich gedacht haben, ist mir nie bekannt geworden.

Fensterln

Die Schupf-Marie war eine alte Frau. Als Heimatvertriebene aus dem Sudetengau war sie hierher verschlagen worden. Sie lebte in einem Zimmer in einem alten, halbverfallenen Häuschen, das außer von ihr noch von einigen Gastarbeiterfamilien bevölkert wurde. In ihrer Jugend war sie Köchin in lauter »hochherrschaftlichen Häusern« gewesen: Bei einem Primararzt, bei einem Landgerichtsdirektor, einem Oberstudienrat, ja, sogar bei dem weltberühmten Oberst Galland, dem Jagdflieger aus dem zweiten Weltkrieg, ausgezeichnet mit dem Ritterkreuz mit Eichenlaub, Schwertern und Brillanten! Er, der Galland, war das unerschöpfliche Gesprächsthema für sie. Keiner meiner Besuche bei ihr verging ohne eine Aufzählung, was der Galland zu ihr und was sie zum Galland gesagt habe. Wieviele Gäste er gehabt habe und wie er ganz einfach zu ihr in die Küche gekommen sei und gesagt habe: »Frau Marie, heut' krieg' ich Gäst', zwanzig an der Zahl, kochen's fei was Gut's, gell!«, so als ob das gar nichts sei, von Mittag auf Abend ein Festessen für zwanzig Personen hinzuzaubern. Aber sie, sie habe sich nicht lumpen lassen, sie habe den Laden schon geschmissen! Und wenn ihr die Gäste beim Abschied ein Trinkgeld hätten in die Hand drücken wollen, dann habe sie gesagt: »Was denken's Ihnen denn, meine Herrschaften, ich bin doch keine Dienstmagd nicht!« Aber wenn alle fort gewesen seien und der Galland gekommen sei und gesagt habe: »Frau Marie, Sie sind einmalig, so was wie Sie gibts nicht noch einmal«, dann sei das der schönste Lohn für ihre Mühe gewesen. Nur eins könne sie nicht begreifen, daß er ihr nie, gar nie schreibe, der »Fallot, der ölendige«.

»Vielleicht weiß er gar nicht, wo Sie nach der Flucht geblieben sind«, tröstete ich sie, »wenn er's wüßte, würde er Ihnen ganz bestimmt schreiben!«

»Können Sie denn nicht ausfinden, wo er ist, und es ihm schreiben, daß er mal was von sich hören lassen soll, Herr

Doktor?« So wurde ich fortan bei jedem Besuch mit der Frage begrüßt: »Ham's was g'hört vom Galland?«

Nun war sie zweiundneunzig Jahre alt und recht gebrechlich geworden. Ihre Kinder wohnten weit in der Welt verstreut. Sie hätten sie zu sich genommen, aber sie wollte in ihrem Häuschen sterben, wo sie nach ihrer Flucht so viele Jahre gelebt hatte und wo ringsum so viele gute und hilfsbereite Menschen wohnten, die ihr alles Liebe antaten.

Eines Tages, als ich kam, war die Tür verschlossen. Da sie schwerhörig war, konnte sie auch mein Klopfen nicht hören. Die Nachbarn schauten aus dem Fenster und meinten: »Heute war sie den ganzen Tag noch nicht zu sehen, sonst sieht sie ja immerzu aus dem Fenster. Sie wird doch nicht womöglich…?«

»Die Tür breche *ich* nicht auf, da müßt Ihr schon die Polizei holen«, sagte ich. Nun bemerkte eine Nachbarin, daß das Fenster nur angelehnt war. Ob man da nicht einmal hineinschauen könnte? Da das Fenster hochparterre lag, ging ich zum Schmied, holte ihn und seine Leiter. Er stand unten und hielt sie fest, ich kletterte hoch mit meiner Arzttasche, stieß das Fenster auf und schaute hinein. Da lag sie friedlich auf ihrem Bett und staunte nicht wenig, als sie mich im Fenster stehen sah:

»Jessas, der Herr Doktor! Ja, was woll'n denn *Sie* da an mei'm Fenster? Naa, naa, für solchene Spaßetln bin i jetzt doch zu alt!« Unterdessen kamen Fußgänger die Straße herunter und sahen mich ebenfalls bei meinem Unternehmen. Sie lachten: »Schaut nur her, unser Doktor fensterlt bei der Schupf-Marie!« Das war denn auch bald im ganzen Dorf herum, und als es meiner Frau auch zu Ohren kam, meinte sie: »Das hätte ich nicht von Dir gedacht! Wenn's wenigstens eine Junge, Hübsche gewesen wäre – aber eine Zweiundneunzigjährige!«

Viele meiner alten Patienten betteln mich förmlich an, ihnen Schlafmittel zu verschreiben, sie lägen sonst die halbe Nacht wach im Bett. Gleichzeitig klagen sie über ihr nachlassendes Gedächtnis und bitten mich um ein Mittel, ihr Gedächtnis zu stärken.

Im Laufe der fünfeinhalb Jahrzehnte, die ich jetzt den Arztberuf ausübe, ist mir der Gedanke gekommen, ob beides nicht in unmittelbarem Zusammenhang stehen könnte. So lange ich jung war, dachte ich oft: »Warte nur mal ab, wie es dir ergeht, wenn du einmal alt bist.«

Jetzt bin ich alt, achtzig Jahre, und mein Gedächtnis funktioniert noch tadellos. Ist es nur eine Gunst des Schicksals, oder habe ich auch selber etwas dafür getan? Ich glaube schon.

Mein Beruf bringt es mit sich, daß man sehr oft nachts aufstehen muß, wenn ein Patient einen braucht. Kein Arzt kann dann gleich wieder einschlafen, man liegt gewöhnlich eine oder zwei Stunden wach im Bett. Licht machen und lesen mag man nicht, um die Ehefrau nicht in ihrem Schlaf zu stören. Was also tun? Schlafmittel? In meinem ganzen Leben habe ich noch keine einzige Schlaftablette genommen (ausgenommen gezwungenermaßen vor einer Operation), denn ich muß morgens um 6 Uhr aufstehen und frisch und munter an meine Arbeit gehen. Der Tablettenschlaf ist aber kein Ausruheschlaf, man ist dann beim Wachwerden dösig und benommen.

Ich habe es nie als schlimm empfunden, nachts wach im Bett zu liegen. Man hat dann die Ruhe, die man braucht, um über anstehende Probleme nachzudenken, man hat Zeit, um zu beten für die eigenen Angehörigen, für seine Patienten, für sich selber, für die großen Weltprobleme – wer würde sich schon bei Tag eine ganze Stunde Zeit zum Beten nehmen? Wenn ich dann immer noch nicht eingeschlafen bin, sage ich Lieder und Gedichte auf aus dem großen Schatz meines in der Jugend Auswendiggelernten, für das ich bis heute noch dankbar bin. Erst kommen Abendlieder dran, bei denen mir gleichzeitig die wunderschönen Melodien durch den Kopf gehen: »Werde munter, mein Gemüte«, »Der lieben Sonne Licht und Pracht« oder »Hirte deiner Schafe«. In Zeiten, wo ich Kummer habe, brauche ich das bekannte Paul-Gerhardt-Lied »Befiehl du deine Wege«. Wenn es mir einmal so schlecht geht, daß ich meine, keinen Grund zum Danken zu haben, sage ich das Lied »Sollt ich meinem Gott nicht singen?« Wenn ich mein geistliches Liedrepertoire aufgesagt habe, schlafe ich meistens. Ist dies nicht der Fall, dann kommt mein Balladenschatz dran.

Wenn ich an einem Vers festhake und nicht mehr weiter weiß, nehme ich am andern Tag das Gesangbuch oder den Gedichtband vor und lerne den betreffenden Vers neu, indem ich ihn zehnmal laut lese und dann so lange aufsage, bis ich ihn wieder kann. Es stimmt gar nicht, daß alte Leute nichts Neues mehr lernen können. Das Gedächtnis will trainiert werden, genau wie die Muskeln, die verkümmern, wenn sie nicht gebraucht werden. Wie ein Messer, so muß man das Gedächtnis wetzen und wetzen und wetzen.

Man spricht oft vom Langzeit- und Kurzzeitgedächtnis. Bei alten Leuten sei das Langzeitgedächtnis zwar noch gut erhalten, nur das Kurzzeitgedächtnis funktioniere nicht mehr. Aber geht es nicht auch jungen Menschen so, daß sie nicht wissen, wo sie ihren Hausschlüssel, den Geldbeutel, die Versicherungskarte, die Brille hingelegt haben? Um das nicht einreißen zu lassen, muß man sich nur angewöhnen, den Gegenstand immer am gleichen Platz aufzuheben, dann hat man im Alter genau so wenig Schwierigkeiten damit wie in der Jugend. Von meinen Studenten und Assistenten bin ich oft gefragt worden, wieso ich ein so gutes Personengedächtnis habe und nicht nur den Namen des Patienten behalte, sondern auch seine Krankheiten, wieviele Kinder er hat, ob er verheiratet, ledig, verwitwet oder geschieden ist, welche Berufe bzw. Studien seine Kinder haben, ob sie im Beruf Schwierigkeiten haben oder gar arbeitslos sind.

»Wie machen Sie das?« fragen mich die jungen Mediziner, denn es ist ihnen klar, daß so etwas für einen Arzt unerhört wichtig ist.

»In allererster Linie kommt es darauf an, daß Sie sich für den Menschen, mit dem Sie es zu tun haben, interessieren. Ich bin sehr neugierig, und es ist mir in fünfundfünfzig Berufsjahren nur ein einziges Mal passiert, daß mich eine Frau, welche ich nach ihren Angehörigen fragte, angefaucht hat: »Ich bin zu Ihnen als Arzt gekommen, und nicht, um über meine Privatangelegenheiten ausgefragt zu werden.« Im allgemeinen schätzen es die Patienten, wenn sich ihr Arzt auch für ihr privates Leben interessiert. Für den Arzt rundet dieses Wissen das Bild um die Persönlichkeit ab, er kann sie so besser im Gedächtnis behalten. Dann ist es wichtig, jeden Menschen sich mit Vor- und Zunamen einzuprägen. Es gibt so unendlich viele gleiche Familiennamen, besonders auf den Dörfern, da bedeutet es gar nichts, wenn eine Frau Becker oder Weber, ein Mann Gegenheimer oder Dietz heißt. Erst mit Vor- und Zunamen ergibt sich ein Persönlichkeitsbild, das im Gedächtnis haftet. Oft haben wir auf dem Dorf vier oder fünf Personen mit dem gleichen Vor- und Zunamen, was dann? Dann ist ein drittes Mittel wichtig: Jeder, aber auch jeder Mensch hat irgendein Charakteristikum. Meines z. B. ist meine überaus große Nase. Einmal traf ich nach dreißig oder vierzig Jahren einen Menschen, der mich sofort mit meinem Namen begrüßte, obwohl wir nie etwas voneinander gehört hatten. »Das ist ja erstaunlich, daß Sie noch meinen Namen wissen«, sagte ich. »Na, wer Sie einmal gesehen hat, vergißt Sie so leicht nicht«, meinte er, und ich wollte mich schon für das Kompliment bedanken, als er fortfuhr: »mit Ihrer großen Nase!«

Bei einem Arzt verbinden sich aber mit der Person des Patienten auch noch die Krankheiten, die er schon einmal gehabt hat. Wenn nachts das Telefon klingelt und ein Patient sich meldet, dann klickt es im Gehirn: »Ach, der hat sicher wieder eine Nierensteinkolik oder einen Asthma-Anfall oder einen

Angina-pectoris-Anfall.« Man braucht dann gar nicht erst lange nach der Adresse zu fragen und kann sogleich die notwendigen Medikamente mitnehmen.

So kann man bis ins Alter ein gutes Gedächtnis behalten, und das ist es doch, was jeder sich wünscht. Auf Zufallsbekanntschaften trifft das, was ich hier geschrieben habe, natürlich nicht zu. Auch ich kann Namen von Leuten, die ich auf einer Gesellschaft flüchtig vorgestellt bekommen habe, nicht behalten. Die Amerikaner haben da einen Brauch, der mir immer sehr imponiert hat: Wird man jemandem vorgestellt, dann fragt der Betreffende sofort zurück: »Please, what was your name?« (Bitte, wie war doch Ihr Name?) Das könnte man bei uns ruhig auch einführen.

Was ich hier über den Schlaf und das Gedächtnis geschrieben habe, ist natürlich in erster Linie für alte Menschen wie mich geschrieben. Aber ich glaube, auch die Jungen haben einen Vorteil davon, wenn sie beizeiten damit anfangen, sich auf den Lebensabend vorzubereiten. Freilich können sie nicht mehr so viel auswendig lernen wie früher, weil der Wissensstoff, den sie in der Schule verarbeiten müssen, so ungleich viel größer und umfangreicher ist als in unserer Jugend. In den letzten 50 Jahren ist ja mehr erforscht und entdeckt worden, als in der ganzen Menschheitsgeschichte vorher zusammengenommen. Wie sollen sie da noch Zeit finden, um Gedichte auswendig zu lernen? Und dennoch möchte ich alle ermuntern, so viel wie möglich auswendig zu lernen, denn das ist ein Schatz, der für schlaflose Stunden durch nichts zu ersetzen ist. Es kommt ja gar nicht darauf an, die ganze Nacht durchzuschlafen, um morgens frisch und munter zu sein, sonst hätte ich bei meinem Beruf dauernd mit einem Brummschädel herumlaufen müssen. Es kommt darauf an, die schlaflosen Stunden nutzbringend anzuwenden!

Dies ist das erste und einzige Gedicht, das ich in meinem Leben gemacht habe (man merkt es auch!), sonst ist bei uns Erika die Reimeschmiedin und schüttelt die Verse nur so aus dem Handgelenk. Ich schrieb es für ihren siebzigsten Geburtstag einen Tag vor einer Amerikareise und lernte es während des Hin- und Rückfluges auswendig. Es schildert komprimiert unser ganzes Eheleben.

Wie von den Schwestern ich erfahren,
war sie schon in jungen Jahren
immer, stets für alle da:
Die kleine Schwester Erika.

Als nach dem Abitur sie dann
sich auf den Beruf besann,
was meint ihr, was sie wählte da?
Fürsorgerin ward Erika.

Nach Dienst auf einigen Stationen
meinte sie, es tät sich lohnen,
im Taunuskreise Fuß zu fassen,
sich in Usingen niederzulassen.

Doch, kaum hatte sie begonnen,
auf dem Motorrad voller Wonnen
die Taunusdörfer abzugrasen,
da ward die Sache abgeblasen,

denn ihr Mann hatte beschlossen,
in Paraguay ganz unverdrossen
als Arzt für Indios und Mestizen
und Mennoniten schwer zu schwitzen.

Er fragte sie: »Du, gehst du mit?«
»Ich folge dir auf Schritt und Tritt,
denn B muß sagen, wer sagt A«,
so antwortete Erika.

Im Chaco tät sie dann beweisen,
daß sie so hart wie Stahl und Eisen.
Buschpionierin wurde da
und Missionarsfrau: Erika.

Wollt' sie einen Kaffee machen,
mußte Feuer sie anfachen,
mit dem Eimer unter Mühen
aus der Zisterne Wasser ziehen.

Im Krankenhaus beim Operieren
ihrem Manne assistieren,
bei Schwesternmangel ohn' Betrüben
auf Station Nachtwache schieben.

In der Realschul' fehlten Lehrer,
der Unterricht wurd' immer schwerer.
Der Oberschulze fragte da –
wen anders wohl, als Erika?

»Ach, Frau Doktor, Ihr Gewissen
läßt's doch nicht zu, die Schul' zu schließen?
Denn so eine Frau wie Sie
lehrt Deutsch, Geschichte ohne Müh'!«

Fing voll Begeisterung ihr Mann
irgend etwas Neues an,
ward's ihm bald darauf zuviel,
doch er hatte leichtes Spiel:

denn für alles war ja da
seine Eh'frau Erika.
Von Taubstummen das Haus war voll,
die schrien, daß man wurde toll,

doch Erika mit schlauem Kniff
kriegt' die Sache bald in' Griff:
sie legt den Finger auf den Mund,
still ward' die Rasselband' zur Stund.

Küche, Wohnstub' und was immer
waren ihre Klassenzimmer,
und neben ihren Hausfrau'npflichten
tat Taubstumme sie unterrichten.

Am Samstag war Indianertag,
da fuhr sie mit, ganz ohne Frag',
tat ohne lange sich zu zieren
als Laborantin dort fungieren.

Mit selbstgebauten Apparaten
in schäbige Indianerkaten
kroch sie hinein mit frohem Mut
und zapfte dort das Indioblut.

Als Frau Konsulin sodann
stellt' sie gleichfalls »ihren Mann«,
machte ohne viel Gepränge
die diplomatischen Empfänge.

Alfredo Strößner, Präsident,
den auch hier ein jeder kennt,
und die Botschafter war'n Gäste
Erikas bei manchem Feste.

Daneben tat sie mit Vergnügen
nach und nach fünf Kinder kriegen.
Sie zog sie auf mit Müh' und Liebe,
sie zog sie auf ganz ohne Hiebe!

Als die Chacozeit zu Ende,
gab es eine echte Wende
fort von des Busches Mückenstichen
hin zu Arabiens Wohlgerüchen.

Dort: Die Wildnis übermächtig,
hier: Jeder Stein geschichteträchtig.
Doch nur zwei Jahre war die Dauer,
denn der Feind lag auf der Lauer:

Als israel'sche Bomben fielen,
merkten wir, das war kein Spielen!
Wir packten eilig uns're Sachen,
um auf den Heimweg uns zu machen.

Schier ein Wunder, kaum zu glauben,
es tät den Atem fast uns rauben,
so trampten wir ohn' Rast und Ruh'
4000 Kilometer der Heimat zu.

Kaum zu Hause angekommen,
das habt ihr alle schon vernommen,
Erika kriegt' Krebs sodann.
Doch nicht lang sie sich besann:

Ins Krankenhaus zur Operation,
am vierten Tag zu Hause schon,
und hat sich, 's wär bei ihr gelacht,
an ihre Hausarbeit gemacht.

Nun galt's, 'ne Existenz zu gründen.
Doch – wo war denn schnell was zu finden?
Im Krankenhaus, da hieß es kalt:
»Was, Buschdoktor?« oder »zu alt«.

Zu Ende war die Odyssee,
in Deutschland fiel der erste Schnee,
den unsre Kinder sah'n im Leben.
Doch Erika, ohne zu beben,

sie sprach zu mir: »Mein lieber Mann,
werd' Landarzt, fang' was Neues an!«
Ich? Landarzt? Mir ward wind und wehe.
Zum erstenmal in uns'rer Ehe

gehorcht' ich ihr, voll Angst und Scheuen,
doch braucht' ich's niemals zu bereuen.
Und Erika in neuer Rolle
ward Landarztfrau, und ganz 'ne tolle!

Nun sind wir beide alt geworden,
und kriegte sie auch keinen Orden,
so weiß ich eines doch genau:
Erika ist eine Superfrau!

P. S. Sie würde es niemals zugeben, daß dieses Gedicht veröffent-
licht wird, darum muß ich es heimlich in dies Buch hinein-
schmuggeln.

Positiv – negativ

Manchmal muß ich denken: »Wie wäre das, wenn einer einmal eine Zeitung ins Leben rufen würde mit dem Vorsatz, nur
Positives, Erfreuliches zu drucken?« Hätte der überhaupt
Stoff dazu?
Schlagen wir am Morgen unsere Zeitung auf, drehen wir
abends den Fernseher an, um uns die Nachrichten anzuhören, werden wir überschwemmt von einer Flut von Kata-
strophen, Kriegen, Gemetzel, Mord, Raubüberfällen, Brand-
stiftungen und anderen Verbrechen, so daß man meinen
könnte, die Welt bestünde aus nichts anderem als Negativem.
Unterhält man sich mit jemandem darüber, dann hört man
gewöhnlich: »Ach, die Welt ist schlecht, verdorben, so
schlimm wie heute wars noch nie, sie ist wirklich reif zum
Untergang.«
Ist das wirklich so? War die Welt früher besser als heute? Um
die Antwort auf diese Frage zu finden, brauchen wir nur die
Geschichtsbücher oder das Alte Testament aufzuschlagen,
die altnordischen Sagas in die Hand zu nehmen. Im Ge-
schichtsunterricht haben wir gelernt, daß »der und der Krieg
von dann bis dann« gedauert hat; im Alten Testament geht
es, angefangen vom Brudermord Kains an Abel bis zu den
Kriegen, die Gott seinem Volk befohlen hat mit der ausdrück-
lichen Weisung, das besiegte Volk mit Stumpf und Stiel, das
heißt samt Frauen, Kindern und Greisen auszurotten, und bis

zur Vernichtung Sodoms und Gomorrhas; in den nordischen Sagas »und Thorgeir erschlug seinen Widersacher Leiff, dessen Sohn dann, der Blutrachepflicht gehorchend, den Thorgeir erschlug« und so fort über Generationen hinweg: – nein, die Welt war noch nie besser als heute, die sogenannte »gute alte Zeit« ist ein Märchen.

Wie reagieren wir auf Katastrophenmeldungen? Lassen wir uns deprimieren, werden wir abgestumpft gegen das Leid, das uns nichts angeht? Lassen wir uns in die Apathie gleiten mit der Entschuldigung: »Es wäre ja doch nur ein Tropfen auf den heißen Stein, was ich tun könnte, also fange ich gar nicht erst damit an«? Wem nützt das? Etwa uns selber? Nein, ganz gewiß nicht. Sehen wir uns doch lieber um nach etwas Positivem in unserer nächsten Umgebung. Bei meinen Hausbesuchen treffe ich in vielen Häusern »Zivis«, also Zivildienstleistende an, junge kräftige Männer, die es für sinnvoller erachtet haben, etwas Positives zu tun, anstatt ihren Wehrdienst zu leisten, ohne daß sie deshalb geradezu fanatische Pazifisten wären. Sie waschen und kämmen alte hilflose Menschen, machen ihnen das Frühstück, putzen die Wohnung und haben solche Dinge meistens in ihren Elternhäusern nie getan, sondern sich vielmehr von ihren eigenen Müttern bedienen und verwöhnen lassen.

»So viele Ehen werden geschieden, es ist nicht zu glauben! Die Menschen haben heutzutage gar keine Neigung mehr, dauerhafte Bindungen einzugehen, das war doch früher anders«, sagen die Alten. Ist es wirklich so? Ja, die Scheidungsrate war sicherlich niedriger als heute. Aber warum? Weil die meisten Frauen keinen Beruf hatten und auf Gedeih und Verderb ihrem Ehemann ausgeliefert waren. Er konnte fremdgehen, sie hatte dies zu dulden und mußte schlucken, schlucken, schlucken. Ging sie fremd, war sie eine Ehebrecherin und wurde schuldig geschieden; der Mann mußte ihr dann nicht einmal eine Abfindung zahlen oder einen monatlichen Unterhalt, denn das Vermögen, sofern eines vorhanden war, hatte ja er verdient, sie hatte ja nur den Haushalt gemacht. Bei meinen Hausbesuchen komme ich in viele Häuser, wo die Frau schwerst krank ist und von ihrem Ehemann in rührender Weise gepflegt und versorgt wird, so daß ich oft nicht weiß, welchen der beiden ich mehr bedauern soll. Darüber schreibt kein Mensch, spricht keiner, das geht alles in der Stille ab. Ehebruch? Vielleicht in der Jugend, ich weiß es nicht, aber seit der Ehepartner oder die Ehefrau so krank ist, denkt der andere nicht daran, sondern tut stillschweigend seine Pflicht.

»Nächstenliebe ist ausgestorben, so was ist heute ein Fremdwort«, höre ich. Früher, als es noch Nonnen oder Diakonissen als Gemeindeschwestern auf den Dörfern gab, hörte ich oft: »Wenn die einmal ausgestorben sind, geht es uns schlecht, wer wird dann die Hauspflege übernehmen?« Und jetzt? Jetzt haben wir die Sozialstationen, die ausgezeichnet funktionieren und die unsere häuslichen Kranken tadellos pflegen, zwar nicht wie die Nonnen und Diakonissen von einst »um Gotteslohn« und auch mit viel größerem Aufwand an Papierkrieg und Verwaltungskram, aber doch effektiv. Dazu kommt noch die Nachbarschaftshilfe, in der sich Frauen für eine kleine, kaum nennenswerte Entschädigung um ihre alten und kranken Nachbarn kümmern. Nein, die Nächstenliebe ist keineswegs ausgestorben!

»Undank ist der Welt Lohn«, heißt es. Ich für meine Person kann nur das Gegenteil bezeugen. So viel Dank wie ich bekomme, habe ich gar nicht verdient, denke ich. Die Leute wundern sich manchmal, daß bei uns fast immer die Haustür offensteht. »Ist Ihnen noch nie etwas gestohlen worden?« werden wir gefragt. »Nein, noch nie, in keinem der vielen Länder, in denen wir gelebt haben«, sagen wir und fügen im Spaß hinzu: »Wir müssen unsere Tür offen lassen, damit die Leute ihre Gaben abliefern können, wenn wir nicht zu Hause sind, als da sind: Eier, Gemüse aus dem Garten, Obst, Kuchen, Apfelsaft, Blumen und was sonst noch immer.«

Wir können nicht alles Leid auf der Welt beseitigen. Aber wenn jeder in seiner Umgebung etwas dazu tut, wird es schon weniger. In einem alten Sonntagsschullied heißt es:

»In der Welt ist's dunkel, leuchten müssen wir.
Du in deiner Ecke, ich in meiner hier.
Sieh', an jedem Orte gibt es was zu tun,
wo die echte Liebe nie kann müßig ruh'n.

Wirke du im Stillen fröhlich da und dort,
tue Gottes Willen treu an jedem Ort.
Mit der Treu' im Kleinen ehrst du Gott den Herrn,
so nur wirst du scheinen als ein heller Stern.«

Ich habe mir schon vor vielen Jahren vorgenommen, bewußt
das Positive in meiner Umgebung und in der weiten Welt zu
suchen und zu finden. Nur wenn wir positiv denken, fühlen
und sehen, wird die Welt für uns schöner und erträglicher.
Die Zeitung, von der ich eingangs schrieb, die nur Positives,
Erfreuliches bringt, wird es wohl nie geben. Also müssen wir
sie uns selber mit offenen Augen schaffen.

Ein Rätsel

Wenn ich in den Spiegel schaue, blickt mir ein alter Mann
entgegen. Er hat schüttere Haare, falsche Zähne, Runzeln im
Gesicht, kurzum alles, was zu einem alten Mann gehört. Woher es dann kommt, daß mich die Leute ausnahmslos für
zehn, fünfzehn Jahre jünger halten, als ich tatsächlich bin, ist
mir immer ein Rätsel geblieben. Als ich im Gymnasium schon
in der Abiturklasse war, fragten mich die Leute, ob ich schon
konfirmiert sei; im Laden beim Einkaufen hieß es gewöhnlich: »Und du, Kleiner, was kriegst du?« Das hat mich natürlich mächtig geärgert.
Unmittelbar im Anschluß an mein Studium wurde ich gleich
bei Kriegsbeginn zur Armee eingezogen. Wenn ich mich bei
einer Einheit, zu der ich abkommandiert war, beim Kommandeur meldete, hieß es: »Wie? Sie wollen Arzt sein? Ja,
haben Sie denn überhaupt schon Abitur gemacht?« Ich
wurde Chirurg, und als ich mein Facharzt-Diplom schon

hatte und selbständig operieren durfte, fragte mich ein Patient, schon auf dem Tisch festgeschnallt: »Herr Doktor, ist das Ihre erste Operation?«

»Freilich«, sage ich, »es ist ja erst sieben Uhr, meinen Sie, wir fangen schon um Mitternacht mit Operieren an?«

Die Operationsschwester lacht und meint: »Herr Doktor, Sie haben den Patienten falsch verstanden, er meint, ob das Ihre erste Operation sei, die Sie machen!«

»Ja, dachten Sie denn, man läßt uns gerade so auf die Menschheit los, ohne Ausbildung und Qualifikation?«

»Entschuldigen Sie, Herr Doktor«, meint er, »aber Sie sehen noch so schrecklich jung aus, da dachte ich, ›der probiert's jetzt an dir aus‹!«

Später, als ich in Paraguay als Buschdoktor arbeitete, brachten die Zeitungen bei meinen Heimaturlauben spaltenlange Artikel über mich, und da war mehr als einmal zu lesen: »Wir wünschen dem jungen Doktor alles Gute auf seinem Lebensweg.« Dabei war ich schon zwischen vierzig und fünfzig und Vater von fünf Kindern. Dann hatte ich mich nach meiner endgültigen Heimkehr in Deutschland als Landarzt niedergelassen. Und da passiert mir das Lustigste von allem: Ich komme bei einem Hausbesuch zu zwei alten Leuten, bei denen ein fremdes älteres Ehepaar sitzt.

»Das ist mein Bruder und seine Frau«, sagt die Patientin, »und das ist unser Hausarzt, Dr. Dollinger«, stellt sie uns gegenseitig vor. »Was?« sagt der Besucher, »Sie sind der Sohn vom alten Doktor Dollinger? Ihren Vater habe ich gut gekannt. Er hat mir vor dreiundzwanzig Jahren den Blinddarm rausgenommen, dann ist er nach Afrika oder so wo hin zu den Wilden. Aber Sie sehen Ihrem Vater ähnlich, nein so was! Genau so wie Sie jetzt hat er damals ausgesehen. Wie geht's ihm denn, Ihrem Vater? Lebt er noch?«

»Ja, er lebt noch, aber leider bin ich es selber!«

»Ja, gibt's denn so was? Ist denn bei Ihnen die Zeit stillgestanden, oder was? Wir sind alt und grau geworden, und Sie sehen noch genau so aus wie vor dreiundzwanzig Jahren.«

Vor neun Jahren kam mein ältester Sohn in die Praxis und wir arbeiteten zusammen. Bald hatte es sich in der Gegend herumgesprochen, daß der Junior und der Senior zusammenarbeiten. Bei einem Sonntagsdienstbesuch in einem fremden Dorf kam ich zu einer alten Frau. »So, Sie sind jetzt also der Junior, gelt?« meinte sie. »Sagen Sie das im Ernst, oder wollen Sie mich auf den Arm nehmen?« frage ich sie, »ich bin bald siebzig Jahre alt.«

»Was? Sie waren vor zehn Jahren schon einmal während des Sonntagsdienstes bei mir, aber damals sind Sie mir viel älter vorgekommen.«

Eine andere alte Patientin fragte mich bei einem Hausbesuch: »Macht eigentlich Ihr Herr Vater nie Hausbesuche?«

»Mein Vater? Der ist schon seit zwanzig Jahren tot und war kein Arzt.«

»Da muß ein Mißverständnis vorliegen. Ich meinte den Herrn Doktor Dollinger senior.«

»Ja, der bin ich selber.«

In den USA ging es mir einmal beinahe an den Kragen. Ich zeigte auf dem Flughafen beim Zoll meinen Paß vor. Der Beamte schaute den Paß an, dann mich, dann wieder den Paß.

»Ist etwas nicht in Ordnung?« fragte ich auf Englisch.

»Are you sure you are the person of that passport?« (Sind Sie sicher, daß Sie die Person auf diesem Paß sind?)

»Ja, ganz sicher, aber ich weiß, daß das Foto schon alt ist und nicht mehr ganz der Wirklichkeit entspricht.«

»The picture ist all right, but your date of birth? Are you really sure that you were born in 1914? Please, come to the office.« (Das Foto ist in Ordnung, aber das Geburtsdatum? Sind Sie sicher, daß Sie 1914 geboren sind? Bitte, kommen Sie mit auf das Dienstzimmer.)

Dort zeigte ich meine »double identity« (Zweitausweis), nämlich meinen Führerschein, vor; da ich wußte, daß man in USA überall seinen Zweitausweis dabei haben muß, hatte ich ihn wohlweislich mitgenommen. Schließlich ließen sie mich in Frieden ziehen, nicht ohne Kopfschütteln.

Ich habe hier nur einige wenige Episoden zu diesem Thema aufgezählt, die mir wegen ihrer Spaßigkeit im Gedächtnis geblieben sind. Aber wenn man denkt, ich habe es als Kompliment aufgefaßt, immer für jünger gehalten worden zu sein, als ich bin, dann irrt man. Ich mußte immer denken: »Du siehst nicht so reif aus, wie du in deinem Alter auszusehen hättest.« Ich habe mich immerzu gefragt, woran es liegen mag.
Vielleicht an meinem lebhaften Mienenspiel? Oder habe ich vielleicht eine andere Hormonzusammensetzung als andere Leute? Oder liegt es einfach daran, daß ich so viel und gerne lache? Bei alten Leuten gehen die Mundwinkel meistens nach unten. So sieht man alt aus. Gehen die Mundwinkel nach oben, sieht man gleich viel jünger aus. Probieren Sie es einmal vor dem Spiegel!

Hier zwei Fotos, eines lachend, eines mißmutig. Beide an meinem 80. Geburtstag aufgenommen.

Dieses Buch habe ich geschrieben, um zu zeigen, daß es überall auf der Welt etwas zu lachen gibt und daß man auch nach noch so schweren Schicksalsschlägen und Prüfungen wieder lernen muß, zu lachen!